全民数字素养提升科普系列丛书

对话AI

——人工智能素养提升课

中国电子技术标准化研究院◎编

中国人事出版社

U0347915

图书在版编目（CIP）数据

对话 AI：人工智能素养提升课 / 中国电子技术标准化研究院编. -- 北京：中国人事出版社，2024.

（全民数字素养提升科普系列丛书）. -- ISBN 978-7–5129-2043-9

Ⅰ. TP18

中国国家版本馆 CIP 数据核字第 20240QN899 号

中国人事出版社出版发行

（北京市惠新东街 1 号　邮政编码：100029）

*

保定市中画美凯印刷有限公司印刷装订　　新华书店经销

880 毫米 × 1230 毫米　32 开本　6.25 印张　125 千字

2024 年 10 月第 1 版　　2024 年 10 月第 1 次印刷

定价：26.00 元

营销中心电话：400-606-6496

出版社网址：http://www.class.com.cn

编 委 会

主　　任：杨建军
副 主 任：孙文龙

主　　编：吴东亚
副 主 编：杨晴虹　钟俊浩　吴　超　张　馨
编写人员：程　勇　刘庆杰　党　赞　汤子海
　　　　　潘秀琴　卢瑞炜　张泰然　胡文心
　　　　　孙　剑　邓翼涛　刘　艳

出版说明

当今世界正经历百年未有之大变局，我国正处于实现中华民族伟大复兴关键时期。党的二十大提出，要加快发展数字经济，促进数字经济和实体经济深度融合，打造具有国际竞争力的数字产业集群。"十四五"时期，数字经济将继续快速发展、全面发力，成为我国推动高质量发展的核心动力。发展数字经济，推动数字产业化和产业数字化，亟须提升全民数字素养，增加数字人才有效供给，形成数字人才集聚效应，发挥数字人才的基础性作用，加快发展新质生产力。

2024年，中央网信办、教育部、工业和信息化部、人力资源社会保障部联合印发《2024年提升全民数字素养与技能工作要点》，指出2024年是中华人民共和国成立75周年，是习近平总书记提出网络强国战略目标10周年，是我国全功能接入国际互联网30周年，做好今年的提升全民数字素养与技能工作，要以习近平新时代中国特色社会主义思想为指导，以助力提高人口整体素质、服务现代化产业体系建设、促进全体人民共同富裕为目标，推动全民数字素养与技能提升行动取得新成效，以人口高质量发展支撑中国式现代化。

为紧密配合全民数字素养与技能发展水平迈上新台阶，推进数字素养与技能培育体系更加健全，进一步缩小群体间数字鸿沟，助力提高数字时代我国人口整体素质，支撑网络强国、人才强国建设，中国人事出版社组织国内权威的行业学会协会、高校、科研机构，由院士级专家学者领衔，联合推出"全民数字素养提升科普系列丛书"。

丛书定位于服务国家数字人才发展大局，推动数字时代数字经济和数字人才高质量发展；着眼于与社会人才需求同频共振，参与数字赋能、全员素养提升行动；着力于提升国家科技文化软实力，打造优秀科普作品。丛书聚焦人工智能、物联网、大数据、云计算、数字化管理、智能制造、工业互联网、虚拟现实、区块链、集成电路等数字技术领域，采取四色彩印形式，单书成册，以科普式的语言及图文并茂的呈现方式展现数字技术领域技术发展、职业发展、产业应用的全貌。

每本书均分为 4 篇，分别为数字知识篇、数字职业篇、数字产业篇、数字未来篇。数字知识篇采用一问一答的形式，问题由简入繁；数字职业篇围绕特定的数字经济领域介绍相关职业的由来、人才培养及促进高质量就业等情况；数字产业篇介绍数字技术在工业生产及人民生活中的应用发展；数字未来篇展现数字产业的前瞻性发展。

期待丛书的出版更好地服务于全民数字素养提升，激发数字人才创新创业活力，为数字经济高质量发展赋能蓄力。

目　　录

数字知识篇

　　人工智能是当今科技领域中备受瞩目的前沿技术之一，它正深刻改变着我们的生活方式、工作方式，塑造世界的未来。得益于计算能力的飞速增长、大规模数据的普及与先进算法的发展，人工智能的能力逐渐变得强大且全面。

　　在本篇，我们将深入探讨什么是人工智能、人工智能可以做什么，以及当前生活中的人工智能应用。无论您是对人工智能感兴趣的新人，还是想要更全面了解人工智能知识的从业人士，我们将为您带来最新的人工智能概览。

什么是人工智能

1. 人工智能的概念

人工智能（artificial intelligence，AI）又称机器智能，指能够模仿人类行为或人类思维相关认知功能的机器或计算机系统，其具有与人类相似的学习、推理和解决问题等能力。简言之，人工智能主要研究如何用计算机程序实现人类智能。

人工智能是计算机科学的一个分支，它有四个重要的研究方向，具体如下：

一是专家系统，使计算机能够利用专家知识，以类似人类专家的方式解决特定领域的问题。

二是机器学习，研究如何使计算机能够通过数据学习并进行决策或预测。机器学习包括监督学习、无监督学习、强化学习等多个子领域。

三是自然语言处理，研究如何使计算机能够理解并生成人类语言，使计算机能够用人类语言实现人机之间的交流。

四是计算机视觉，模拟人类视觉系统功能，使计算机能够感知并理解视觉输入，从而实现对图像和视频数据的处理和分析。

通用人工智能（artificial general intelligence，AGI）是该领域的长远目标。目前，弱人工智能技术已有初步成果，在图像识别、语言分析、棋牌游戏等单一方面的能力已达到甚至超越了人类的水平。然而，要使人工智能像人类一样具有思考并完成多种任务的能力，还需要较长时间的研究。

2. 人工智能的发展

人工智能的发展历史源远流长。在古代神话传说中，技艺高超的工匠可以制作人造人，并为其赋予智能或意识；现代意义上的人工智能始于哲学家试图将人类的思维过程描述为对符号的机械操作。

20世纪40年代，电子计算机的发明使科学家们开始探讨构造一个电子大脑的可能性。自此，人工智能领域大致经历了三次重要的发展浪潮，每一次浪潮都带来了新的技术、方法和应用，如图1-1所示。

（1）第一次浪潮（20世纪40—70年代）：人工智能思潮赋予机器逻辑推理能力

随着"人工智能"这一新兴概念的兴起，人们对AI的未来充满想象，人工智能迎来第一次发展浪潮。这一阶段，人工智能主要用于解决代数、几何问题，以及学习和使用程序，研发主要围绕机

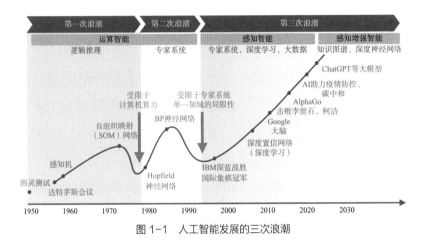

图 1-1　人工智能发展的三次浪潮

器的逻辑推理能力展开。代表性项目包括达特茅斯会议上提出的逻辑理论和专家系统的早期形式。然而，由于计算能力和数据限制，第一次浪潮在 20 世纪 70 年代末进入低谷。

（2）第二次浪潮（20 世纪 80—90 年代）：专家系统使人工智能实用化

特定领域的"专家系统"AI 程序被更广泛地采纳，该系统能够根据领域内的专业知识，推理出专业问题的答案，人工智能也由此变得更加"实用"，专家系统依赖的知识库系统和知识工程成为当时主要的研究方向。然而专家系统的实用性只局限于特定领域，同时升级难度大、维护成本居高不下，行业发展再次遇到瓶颈。1990 年，美国国防部高级研究计划局投资的人工智能项目失败，并大幅削减对 AI 的资助，宣告人工智能的第二次浪潮步入低谷。

5

（3）第三次浪潮（1993年至今）：深度学习助力感知智能进入成熟阶段

不断提高的计算机算力加速了人工智能技术的迭代，也推动感知智能进入成熟阶段，人工智能与多个应用场景结合落地，产业焕发新生机。2006年深度学习算法的提出、2012年AlexNet在ImageNet数据集上的图像识别精度取得重大突破，直接催生了新一轮人工智能发展的浪潮。2016年，AlphaGo打败围棋职业选手后，人工智能再次收获空前的关注度。从技术发展角度来看，前两次浪潮中人工智能逻辑推理能力不断增强，运算智能逐渐成熟，人工智能由运算向感知方向拓展。目前人工智能在语音识别、图像识别、文本分类等感知技术方面的能力都已逼近甚至超越了人类的水平。

3. 人工智能的主流学派

人工智能作为一个知识单位，自身也是一个概念。随着人工智能技术不断突破，人们对人工智能概念的认知也不断深入。人工智能概念转变为现实，一般包括三个基本功能，即指物功能、指心功能和指名功能，如图1-2所示。指物功能代表客观世界的对象表示，对象要具有可观测性，不依赖人的主观感受；指心功能代表心智世界的对象表示，对象即人理解概念后在心智世界建立的对象；指名功能代表认知世界或者符号世界，表示对象的符号名称，这些符号表示组成的各种语言，不同的语言下符号表示不一定相同。

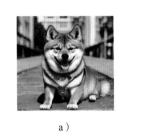

　　　a）　　　　　　　　　b）　　　　　　　　　c）

图1-2　人工智能概念的三个基本功能

a）指物功能　b）指心功能　c）指名功能

　　根据人工智能概念的三个基本功能，人工智能概念在落地路径上主要发展成以下三个主流学派，如图1-3所示。

图1-3　人工智能三大主流学派对比

（1）指物功能：行为主义

　　行为主义专注于实现人工智能的指物功能，认为智能取决于感知和行为，而非表示和推理。行为主义关注智能系统的行为和结

7

果，而不是内部的符号或神经网络，强调学习与环境之间的相互作用。强化学习，通过试错和奖励训练智能系统，使其学会如何在特定环境中采取最佳行动，是行为主义学派的代表性方法之一。

行为主义的重要应用包括自动驾驶汽车、游戏 AI 和机器人控制等。

（2）指心功能：连接主义

连接主义专注于实现人工智能的指心功能，认为智能可以归结为人脑高层活动的结果。连接主义强调模仿人脑神经元网络思想，使用人工神经网络模拟人脑结构，这些网络由许多简单的神经元相互连接组成。连接主义学派强调从数据中学习，而不是从人工规则中推理，因此适宜处理大量复杂的现实世界问题。

深度学习是连接主义学派的代表性方法，其利用深层神经网络处理大规模数据，在图像识别、自然语言处理、语音识别等领域取得了巨大成功。

（3）指名功能：符号主义

符号主义专注于实现人工智能的指名功能，是一种基于逻辑推理的智能模拟方法，源于数学逻辑。符号主义的核心思想是通过符号的处理来模拟人的智能行为，强调逻辑推理、知识表示和推断规则的使用。逻辑理论家是符号主义学派的代表性方法，基本思想是利用搜索树概念，搜索树的根是最初假设，每条分支都是推论，搜索树中的某个地方将会是该程序旨在证明的命题，每条分岔路都是一个形式证明。

第2课

生活中的人工智能

随着人工智能技术的跨越式发展和行业应用深化，人工智能正逐步出现在人们日常生活的吃、穿、住、行、用、医等方方面面，从根本上颠覆了传统生活模式，为人们生活提供极大便利，也带来全新的生活方式和极致体验。

本书从吃、穿、住、行、用、医六个核心生活场景展开，描述当前智能生活全景，如图1-4所示。

图1-4　人工智能带来生活方式的智慧化

1. 吃——从农场到餐桌的智慧化

从农场种植、养殖的食材生产环节，到厨房的食材加工环节，再到终端消费者的用餐环节，人工智能技术已融入产业的上下游，在不同环节发挥着独特价值，为人们生活中以"吃"为核心的场景提供新的个性化智慧解决方案。

本书以智慧农场、智慧厨房、智慧餐厅三个核心场景为例，剖析各环节的智慧化场景现状、智慧化运转方式，以及相较于传统模式的优势和特色。

1.1 智慧农场

智慧农场采用物联网、大数据及人工智能等先进现代科技，对农作物生长的各个环节进行智能化管理，侧重提高农作物的产量、品质和效益，降低对环境的依赖和影响，从而实现高效、准确及可持续的农业生产。

智慧农场的核心是数据化，通过对农田环境的各项指标进行实时监测和数据分析，为农业生产提出具有指导意义的建议。其典型场景包括：

（1）在农业种子筛选阶段，智慧农场基于计算机视觉技术，高效、准确地对农业种子进行筛选，提高播种农业种子的质量。

（2）播种完成后，基于在农田中安装的传感器、控制器与摄像头等多种设备，实时收集和监测土壤湿度、温度与光照强度等数据。

（3）结合采集数据与农作物的生长需求和生长规律，智慧农场通过智能算法和模型预测农作物的生长趋势及病虫害发生的风险。

（4）根据数据分析结果，智慧农场可以智能地采取灌溉、施肥、农药喷洒等措施，实现农作物的科学管理与精细化种植。

（5）在农作物成熟后，智慧农场中的智能机器人可对农作物进行自动收获，从而提高农业生产效率和质量。

传统农场与智慧农场的对比如图 1-5 所示。

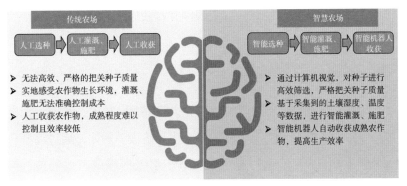

图 1-5　传统农场与智慧农场的对比

相较于传统农场，智慧农场具有以下优势和特色：

（1）数据化

智慧农场利用传感器，实现对农作物生长环境及生长状况的实时采集和监测。例如，通过温湿度传感器，实时监测土壤温度与湿度；通过光照传感器，实时监测光照强度和周期；通过卫星或无人机搭载的高光谱相机拍摄农田图像，实时监测农作物生长状况。

（2）智能化

借助物联网与人工智能技术，智慧农场可以实现对农作物生长环境的智能调控。例如，根据温湿度传感器监测的土壤温湿度数据，智能灌溉系统自动控制灌溉水量，提高水资源的利用效率；通过智能温室控制系统，根据室内外温度、湿度等参数自动调节温室的通风、加热、制冷等设备，保证农作物生长环境恒定；智能机器人基于视觉系统与机械臂，自动识别并收获成熟的农作物，减少农民的体力劳动。

（3）精细化

智慧农场通过高精度传感器、无人机遥感等技术，可对农田进行精细管理，严格把关农作物的各个生长阶段。例如，通过遥感技术可快速检测出农作物的病虫害情况，并及时采取有效的防治措施，从而提高农作物的抗病虫害能力、品质与产量。

（4）可持续性

智慧农场通过减少化肥和农药的使用，有效提高资源利用率，同时降低对环境的污染。另外，智慧农场通过智能化的土地利用规划和管理，可以提高土地利用效率，从而减少土地资源的浪费。

🔘 知识链接

水果采摘机器人是一种自动化的农业机器人，专门用于自动收集水果，其设计目的是提高农业生产效率，减少农民的体力劳动，同时确保水果的高质量采摘。这类机器人通常配备先进的视觉系统和机械臂，能够在果园中自主移动，通过先进的视觉系统精确判断水果的成熟度，并通过机械臂对成熟的水果进行采摘。

1.2　智慧厨房

智慧厨房是利用物联网、人工智能、大数据等先进技术，具有食物营养评估与推荐、智能烹饪、远程操控等功能，具有自动化、智能化与个性化烹饪体验的厨房。

智慧厨房的核心是通过智能设备实现烹饪过程的全自动化，冰箱、厨电、洗碗机等设备通过互联互通，提供从食材储存、烹饪、餐后消毒清洁的全流程服务，从而解放人们的双手。其典型场景如下：

（1）智慧厨房配备智能电气设备，通过计算机视觉技术实现对不同食材的自动识别与分类，并根据分类结果进行食材储存，保证食材的品质与新鲜度。

（2）基于对用户健康需求、饮食习惯等信息的大数据分析，智慧厨房可以生成个性化饮食推荐，促进饮食的健康与均衡。

（3）根据生成的食谱与用户需求，智慧厨房可以自动、高效地完成烹饪，并保证烹饪食物的口感。

（4）实现对餐具的全方位自动清洗，让餐饮生活变得轻松简单。

传统厨房与智慧厨房的对比如图 1-6 所示。

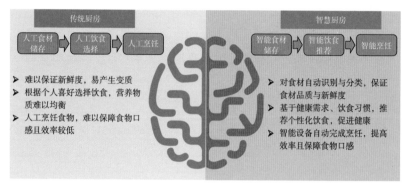

图 1-6　传统厨房与智慧厨房的对比

相较于传统厨房，智慧厨房具有以下优势和特色：

（1）轻松便捷

智慧厨房可以通过语音、触屏、手势等方式进行控制，自动完成烹饪和调制，降低烹饪过程中的人力成本，让烹饪变得轻松便捷。例如，智能咖啡机可以通过自动研磨、冲泡等操作，做好一杯口感完美的咖啡；智能电饭煲可以与智能手机绑定，实现远程预约煮饭，让人们回到家即可享用煮好的米饭。

（2）健康均衡

智慧厨房可以通过智能传感器和数据分析，监测食材的新鲜度、营养成分、卫生情况等，保证食材品质。例如，智能冰箱可以自动识别冰箱内的食材种类、数量及保质期等信息，并智能调节冷藏温度、湿度与空气流通，保持食材新鲜。此外，智能厨房还可以根据用户的身体状况、健康需求、饮食习惯等，智能调节烹饪温度、时间及油盐等，保证饮食健康与营养物质均衡。

（3）高效节能

智能厨房采用的智能设备可以有效降低能耗，同时提高厨房的工作效率。例如，智能烤箱可以通过预设菜谱，结合具体食材信息，以最低能耗自动烤制食品；智能洗碗机可以自动识别所需洗涤的餐具，并计算所需洗涤剂的量，然后快速完成从洗涤、烘干到消毒的全流程。

1.3　智慧餐厅

智慧餐厅是一种运用人工智能、物联网、大数据等先进技术，在取餐、支付、库存管理、流程控制等方面实现全面智能化，极大提升服务效率的新型餐饮模式。

智慧餐厅以消费者为核心，通过各种智能化、自动化服务优化了用户体验感受，解决了传统餐厅经营中存在的资源分配不均匀、人员安排不合理及就餐服务不到位等问题。其典型场景如下：

（1）智慧餐厅通过智能绑盘机，采用人脸识别、扫码或刷卡等多种方式，可快速、准确地识别用户身份，并自动绑定餐盘。

（2）在取餐过程中，智能称重系统基于先进的传感技术和算法，能够实时监测和精确计量食物质量，有助于更好地控制食材的使用量和成本。

（3）在结算阶段，智慧餐厅根据称重结果自动计算价格，在预先绑定的账号里自动扣费，实现无感支付，提高支付的准确性。

传统餐厅与智慧餐厅的对比如图 1-7 所示。

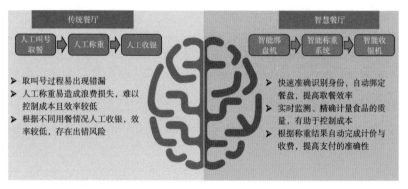

图 1-7 传统餐厅与智慧餐厅的对比

相较于传统餐厅，智慧餐厅具有以下优势和特色：

（1）高效精确

智慧餐厅系统通过自动化管理，在点餐、支付、排队及流程管理等环节中，提升工作效率并降低错误率，为顾客带来了更加流畅、高效的用餐体验。例如，在用餐高峰期，可以通过在线点餐系统，预约点餐并完成自助结算。

（2）降低成本

智慧餐厅系统通过自动化管理和数据分析，显著降低了餐厅的运营成本。例如，自动化管理降低了人力成本和错误率，提高了工作效率；库存自动化管理有效避免了食材浪费，降低了库存成本；数据分析可帮助商家制定更加科学合理的经营策略，提高餐厅盈利能力。

（3）优化消费者体验感受

智慧餐厅系统通过收集和分析消费者数据，深入了解消费者的用餐习惯和喜好，提供更加精准的营销和个性化服务。例如，根据消费者喜好推荐相应的菜品和服务，或为其定制专属的套餐和优惠活动，进而提高餐厅的回头率和口碑，同时进一步提高消费者的满意度和忠诚度。

2. 穿——从商场到衣橱的智慧化

从服装的选择采购环节，到服装的管理储藏环节，再到服装的穿搭使用环节，人工智能正逐步创造新的体验，为人们生活中以"穿"为核心的场景提供新的以体验为核心的智慧解决方案。

本书以智慧购物、智慧衣橱、智慧服装三个核心场景为例，剖析各环节的智慧化场景现状、智慧化运转方式，以及相较于传统模式的优势和特色。

2.1　智慧购物

智慧购物指通过运用先进的信息技术和数字化手段，以增强购物效率、优化商品推荐、提供个性化服务等方式，使购物过程更加智能、便捷和个性化。

智慧购物的实现始于对用户数据的收集，通过用户注册、登录等方式获取其个人信息、购物历史和偏好。然后，利用这些数据进行深度分析和建模，并运用人工智能和机器学习算法生成个性化的用户画像。其典型场景包括：

（1）购物平台利用先进的推荐算法为每位用户提供个性化的商品推荐，提高用户发现感兴趣商品的准确性。

（2）用户可通过虚拟试衣间在线试穿，实时了解商品库存和价格信息，并完成安全的在线支付。

（3）购物完成后，智慧购物系统触发物流服务，提供实时配送状态追踪。

（4）用户通过反馈和评价形成社区互动，为其他用户提供参考。

传统购物与智慧购物的对比如图 1-8 所示。

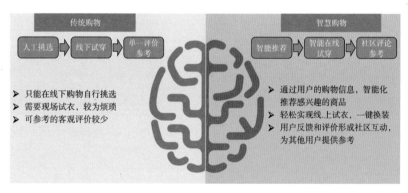

图 1-8　传统购物与智慧购物的对比

相较于传统购物，智慧购物具有以下优势和特色：

（1）个性化

智慧购物平台通过分析用户的历史购物数据、搜索记录和点击行为，利用推荐算法为每个用户量身定制商品推荐，不仅提高了用户找到感兴趣商品的概率，而且为商家提供了更有效的销售途径。商家通过智慧购物平台可收集大量的用户数据，包括购物习惯、偏好和行为数据。通过数据分析，商家可以更好地了解市场趋势，提高产品质量和服务水平，提高用户满意度，甚至推出更符合用户期望的新品。

（2）社交化购物体验

智慧购物平台通过社交媒体集成，使用户可以分享购物心得、评价商品，甚至与朋友一起选择商品。这种社交化的购物体验增加了用户之间的互动，为购物增添了社交元素。

（3）方便快捷

智慧购物的灵活性和便利性消除了传统购物方式的时空限制，为用户带来了全新的购物体验。随着智能设备的普及，用户可随时随地通过手机、平板电脑等与在线商店连接，实现即时购物需求。

（4）多样选择与对比

智慧购物平台的价格比较工具为消费者提供了一个全面透明的市场观察窗口。通过这一功能，用户可以在几秒钟内比较多个商家的价格、品牌和商品特性，无须在不同实体店铺之间奔波。这样有助于消费者制定合理的购物预算，还可以更容易找到性价比最高的选择，从而确保所购商品的实际价值能达到最大化。

2.2　智慧衣橱

智慧衣橱是一种通过智能技术为用户提供更便捷、个性化管理衣物的装置。它结合物联网、人工智能和可穿戴技术，旨在提高用户对衣物的管理效率，优化着装体验。

智慧衣橱是一种结合高科技与日常生活的产物，它的目标是提供一种更加智能化、人性化和艺术化的生活方式。其典型场景包括：

（1）通过物联网技术，智慧衣橱实现了内部传感器和通信模块的连接，使衣橱可以与其他智能设备和网络进行交互。这些传感器包括红外线、超声波、光电等，能够监测衣物的状态、位置及衣柜内的环境参数，如温度和湿度。

（2）利用得到的数据信息，并结合人工智能算法，通过对数据进行智能分析和处理，智慧衣橱能够学习用户的衣物使用习惯，为用户提供个性化的整理和推荐服务。

（3）智慧衣橱还配备了电动推杆、电动滑轨等机械部件，通过自动控制实现衣物整理、摆放和取用。

传统衣橱与智慧衣橱的对比如图1-9所示。

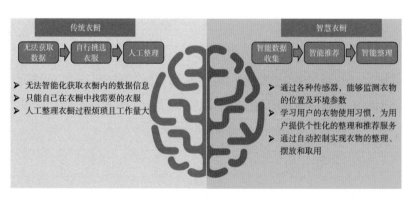

图1-9 传统衣橱与智慧衣橱的对比

相较于传统衣橱，智慧衣橱具有以下优势和特色：

（1）智能化

智慧衣橱可以通过内置系统对环境进行调控，如湿度、温度等，以适应不同衣物的存储需求。这些功能通常通过传感器和技术实现，使衣柜能够自我调整，以达到最佳储物条件。

（2）人性化

智慧衣橱在设计时考虑到用户的使用习惯，提供了灵活的可调节组件，如可调高度的升降杆，以适应不同身高的使用者，使每个人都能方便地使用智慧衣橱，轻松取用存放在不同高度位置的衣物，为用户提供了更人性化的使用体验。此外，智慧衣橱还配备了显示屏或触屏控制，让用户能轻松找到所需衣物。

（3）多功能性

智慧衣橱不仅能用于存放衣物，而且包含其他储物空间，如抽屉、格子架等，以满足用户的多样化存储需求，使用户能够更有序地管理不同种类的物品，而将衣物和配饰等分类摆放，实现整体空间的最优化利用。智慧衣橱甚至具备安全防范功能，如自锁系统，确保私人物品的安全。

（4）环保与节能

智慧衣橱具备自动除湿功能，能够在相对潮湿的环境中维持衣物的干燥，从而延长衣物的使用寿命。此外，智慧衣橱可采用节能技术和材料，减少能源消耗，实现可持续的家居生活。

（5）便利性与易用性

智慧衣橱操作十分简单易懂，为用户提供了极大便利。通过智能手机应用程序或其他智能设备，用户可以轻松实现对衣柜的远程控制。这项便捷功能不仅让用户能够随时随地监控衣柜内的状况，而且让整个家庭的衣物管理变得更高效和灵活。

2.3 智慧服装

智慧服装是一种模拟生命系统，不仅能感知外部环境或内部状态的变化，而且能通过反馈机制实时对这种变化做出反应。智慧服装是新型纺织材料与电子技术结合的产物，原属尖端领域，最初主要应用在航空、航天及国防军工等特殊领域，随着服装行业的飞速发展及竞争的日益激烈，现在正逐渐为大众所用。

智慧服装通过结合智慧服装材料及各种微电子技术，为用户提供了更丰富、智能、个性化的穿戴体验。智慧服装需要多门学科的前沿技术，主要有两大类方法。

（1）运用智慧服装材料提供智能服务，智慧服装材料主要包括形状记忆材料、相变材料、变色材料和刺激反应水凝胶等。利用这些材料，可以实现智慧服装的智能化服务。

（2）将信息技术和微电子技术引入人们日常穿着的服装。通过配备多种传感器，如加速度传感器、心率传感器等，智慧服装可以感知穿戴者的身体活动和生理状态，进而提供个性化服务；通过无线通信模块，智慧服装能够与其他设备和云端进行数据传输，实现信息共享和远程控制；采用内置电池或柔性电池技术不仅能给智慧服装供电，而且能确保穿戴者的舒适性和服装的灵活性。

传统服装与智慧服装的对比如图 1-10 所示。

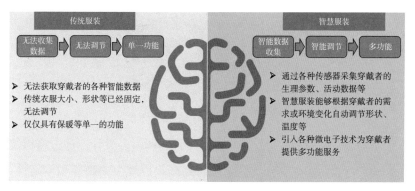

图 1-10　传统服装与智慧服装的对比

相较于传统服装，智慧服装具有以下优势和特色：

（1）个性化

智慧服装能够通过各种传感器采集穿戴者的生理参数、活动数据等，通过嵌入的智能算法对这些数据进行分析，为用户提出健康建议，提供运动指导等个性化服务。因此，智慧服装不仅是一种装饰，而且能提供实时的数据，满足用户个性化需求。

（2）可调节

智慧服装采用了形状记忆材料、相变材料等，使服装能够根据穿戴者的需求或环境变化自动调节形状、温度等，为用户带来更灵活和个性化的穿戴体验。同时，采用柔性电子技术和可穿戴传感器，使服装更贴合身体曲线，不影响穿戴者的活动自由，增强了智慧服装舒适性。

（3）功能多样性

智慧服装通常具备多种功能，如健康监测、定位导航、温度调节、光学效果等。相较于传统服装，智慧服装能够为穿戴者提供更多的便利，使服装不再只是简单的保暖或装饰。

（4）时尚与科技融合

智慧服装不仅注重技术创新，而且强调时尚设计。通过将科技元素融入服装设计，智慧服装在时尚产业展现出前瞻性和创新性，推动了时尚与科技的融合发展。

3. 住——从城市到家居的智慧化

小到每个家庭的家居环境、每栋楼的建筑环境，大到整个城市的居住环境，人工智能正逐步渗透到人们居住的物理环境中，为人们生活中以"住"为核心的场景提供新的立体化智慧解决方案。

本书以智慧城市、智慧建筑、智慧家居三个核心场景为例，剖析各环节的智慧化场景现状、智慧化运转方式，以及相较于传统模式的优势和特色。

3.1 智慧城市

智慧城市是一种利用各种信息技术或创新理念，集成城市的组成系统，以提升资源运用效率、优化城市管理和服务及提高市民生活质量，具有高度智能的城市形态。

　　智慧城市基于宽带泛在的互联及智能融合的应用，构建有利于创新涌现的制度环境与生态，不仅改变了传统城市的面貌，而且为解决城市化过程中出现的问题提供了有效的解决方案。

　　（1）安装各类传感器和摄像头，智慧城市能够收集大量关于交通、能源使用、环境质量等方面的数据。

　　（2）将这些数据传输至数据中心，利用大数据和人工智能技术进行处理和分析，从而帮助城市管理者做出更明智的决策，其中 5G 和物联网等信息通信技术被广泛应用于数据的快速传输和处理。

　　（3）提供各种在线服务和平台，让居民更方便地获取信息和参与城市管理，从而提高城市的运行效率。

　　传统城市与智慧城市的对比如图 1-11 所示。

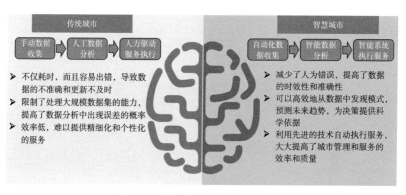

图 1-11　传统城市与智慧城市的对比

相较于传统城市，智慧城市具有以下优势和特色：

（1）全面透彻的感知

通过传感技术，实现对城市管理各方面的监测和全面感知。智慧城市利用各类感知设备和智能化系统，能够智能识别、立体感知城市环境、状态、位置等信息的全方位变化，对感知数据进行融合、分析和处理，并能与业务流程智能化集成，继而主动做出响应，促进城市各个关键系统和谐高效运行。

（2）宽带泛在的互联

各类宽带有线、无线网络技术的发展为城市中物与物、人与物、人与人的全面互联、互通、互动，为城市各类随时、随地、随需、随意应用提供了基础条件。宽带泛在网络作为智慧城市的"神经网络"，极大地提升了智慧城市作为自适应系统的信息获取、实时反馈、随时随地智能服务的能力。

（3）智能融合的应用

现代城市及其管理是一类开放的复杂巨系统，新一代全面感知技术的应用更增加了城市的海量数据。基于云计算，通过智能融合技术的应用实现对海量数据的存储、计算与分析，并引入综合集成法，通过人的"智慧"参与，提升决策支持和应急指挥的能力。技术的融合与发展还将进一步推动"云"与"端"的结合，推动从个人通信、个人计算到个人制造的发展，推动实现智能融合、随时、随地、随需、随意应用，进一步彰显个人参与和用户的力量。

（4）以人为本的可持续创新

智慧城市的建设尤其注重以人为本、市民参与、社会协同开放创新空间的塑造及公共价值与独特价值的创造。注重从市民需求出发，并通过维基、微博等工具和方法强化用户参与，汇聚公众智慧，不断推动用户创新、开放创新、大众创新、协同创新，以人为本，实现经济、社会的可持续发展。

3.2　智慧建筑

智慧建筑指通过将建筑物的结构、系统、服务和管理根据用户需求进行最优化组合，从而为用户提供高效、舒适、便利的人性化建筑环境。

智慧建筑是集现代科学技术之大成的产物，其技术基础主要由现代建筑技术、现代计算机技术、现代通信技术和现代控制技术组成。在建筑内部装配了大量传感器和控制设备，这些设备能够实时监控建筑能耗、室内环境质量、安全系统和其他关键性能指标，同时，这些设备与中央控制系统相连，能够利用人工智能算法分析收集到的数据，自动调整照明、空调、供暖和其他系统，以提高能效和居住舒适度。智慧建筑还可以通过物联网连接到城市的其他建筑和基础设施，共享数据和资源，优化整体能源使用，实现高度自动化和高效率。

传统建筑与智慧建筑的对比如图 1-12 所示。

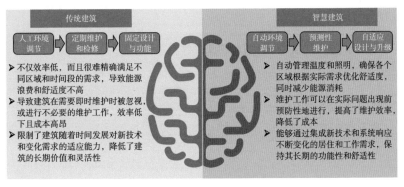

图 1-12　传统建筑与智慧建筑的对比

相较于传统建筑，智慧建筑具有以下优势和特色：

（1）综合安防

智慧建筑可绘制安防图，充分调配设备能力，针对建筑安全做到智慧化赋能，对各类安全事件、安保资源、视频巡更等要素态势进行实时智能感知，支持安防报警事件快速显示、定位。做到事前安防可预控、事中事件可快速处理、业务流程可全程跟踪、事后事件可统计。

（2）能耗监测

智慧建筑将整合能耗数据，对供暖、供排水、供气、供电等子系统生产运行态势进行实时监控，对能源调度、设备运行、环境监测、人流密度等要素进行多维可视分析，支持能耗趋势分析、能耗指标综合考评，为资源合理调配、节能减排提供有力的数据依据。

（3）设备管控

对建筑内的设备分布、类型、数量、位置进行综合管理，支持设备详细信息查看、视频监控、运行监测、实时数据上传，动态监测园区设备运行状态，对设备运行异常实时报警，派单处置，辅助管理者直观掌握设备运行状态，及时发现安全隐患，提高设备设施运维效率。

（4）环境监测

支持建筑空间分层展示，帮助管理者充分分析空间的利用和规划。集成消防系统、环境系统、监控系统、物业系统等数据，对园区的空气质量、温湿度、照明等数据进行综合监测，帮助管理者对建筑环境进行把控，提高空间利用率和环境舒适度。

（5）招商管理

在三维场景中展示楼宇概况，包括总栋数、招商面积等信息。支持对招商的业务类型、项目分布、签约项目、储备项目等信息进行可视化动态展示，直观展示招商工作成果和进展，实现招商运营工作的精细化管理，有效推动招商工作。

3.3　智慧家居

智慧家居是高度自动化的住宅，它通过互联网和物联网设备，使家庭设施能够相互沟通并由家庭成员远程控制。智慧家居提供了便利、节能、安全和舒适的环境，同时还能根据居住者的行为和偏好不断进行调整，以提高生活质量。

智慧家居通过物联网技术将家中的各种设备连接到一起，提供家电控制、照明控制、窗帘控制、电话远程控制、室内外遥控、防盗报警、环境监测、暖通控制、红外转发及可编程定时控制等多种功能和手段。同时，智慧家居可以提供全方位的信息交互功能，帮助家庭与外部保持信息交流畅通，优化人们的生活方式，帮助人们有效安排时间，增强家居生活的安全性，减少能源费用。

传统家居与智慧家居的对比如图 1-13 所示。

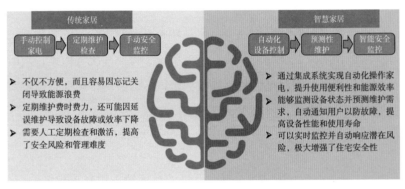

图 1-13　传统家居与智慧家居的对比

相较于传统家居，智慧家居具有以下优势和特色：

（1）智能灯光系统

智能灯光系统可通过墙壁开关、智能中控屏、手机 App、智能音箱语音、人体感应触发、场景模式联动等多种方式，实现精准点控、分区、整体控制全屋灯光的即时开关、定时开关、调光调色、场景模式等效果。智能照明不仅舒适方便，而且节能环保。例如，晚上起夜时，床脚走道和卫生间的人体感应开关灯可实现"人来灯亮，人走灯关"，无须手动寻找开关，老人、儿童更安全，自动关灯更省电；离家模式可以在上班前一键关闭全屋灯光，让出门更方便。

（2）智能电器控制

智能家电如智能冰箱、智能洗衣机、智能烤箱等通过互联网连接，可以用遥控、定时等多种智能控制方式对智能家电进行智能控制，例如，避免饮水机在夜晚反复加热影响水质，在外出时断开插座通电，避免电器发热引发安全隐患；对空调、地暖进行定时或者远程控制，让居住者到家后就能享受舒适的温度。

（3）智能安防系统

智能安防通过监控室内外异常情况、防偷防盗，监测室内水、电、燃气、烟雾等，实现室外、玄关、室内三方面多重保护，规避日常生活中可能出现的各种突发危险，保护家人生命财产安全，如智能门锁防撬报警、可疑人员门口徘徊报警、书房卧室等烟雾报警、卫生间漏水报警与水龙头自动关阀处置、厨房燃气泄漏报警与自动关阀、开窗或开排风扇处置等。

（4）智能遮阳系统

智能遮阳系统通过室内语音音箱控制、室内遥控器遥控、墙壁智能开关或中控屏控制、手机 App 远程控制、手动轻拉感应启动等多种方式，实现分区控制、集中控制室内智能窗帘的即时开合、定时开合、按百分比开合等效果。例如，早晨设定定时开启，感受阳光自然醒；老人腿脚不便，可以使用遥控器或者智能开关控制窗帘；夏季阳台花草怕晒，可设置正午时分窗帘自动关闭等。

4. 行——从交通到导航的智慧化

从整个交通运输网络到每次出行的导航和驾驶，人工智能正逐步解放人们的精力、提升每次出行的畅通感，为人们生活中以"行"为核心的场景提供新的贯穿式的智慧解决方案。

本书以智慧交通、智慧导航、智能驾驶三个核心场景为例，剖析各环节的智慧化场景现状、智慧化运转方式，以及相较于传统模式的优势和特色。

4.1 智慧交通

智慧交通是一种在整个交通运输领域充分利用物联网、空间感知、云计算、移动互联网等新一代信息技术，综合运用交通科学、系统方法、人工智能、知识挖掘等理论与工具，以全面感知、深度融合、主动服务、科学决策为目标，提供实时交通数据的交通信息服务。智慧交通推动交通运输朝着更安全、更高效、更便捷、更经济、更环保、更舒适的方向发展。

智慧交通的核心在于高效的实时数据应用和智能化的交通决策，是交通发展的重要方向，能够为人们带来更加便捷、安全、舒适的出行体验。

（1）通过整合传感器采集的实时交通流、车辆位置等数据，利用数据挖掘技术提取关键信息，并基于人工智能系统对这些实时数据进行处理，从而做出控制智能信号的决策，调整信号灯时序，以最大限度优化交通流。

（2）基于决策信号和大数据技术对关键信息进行实时分析，智慧交通能够为交通参与者提出个性化的导航建议，使车辆能够互相通信，协同行驶，提高交通效率和安全性。

（3）智慧交通能够协助执法管理，利用人工智能系统预测交通中的潜在风险，能够提高应急处理效率，降低管理成本，保证交通安全。

传统交通与智慧交通的对比如图 1-14 所示。

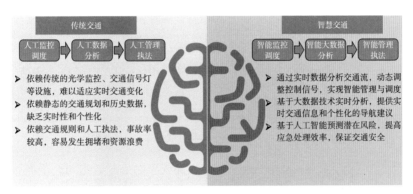

图 1-14　传统交通与智慧交通的对比

相较于传统交通，智慧交通具有以下优势和特色：

（1）交通信息广泛应用

智慧交通以信息收集、处理、发布、交换、分析、利用为主线，由移动通信、宽带网、传感器、云计算等新一代信息技术作支撑，为交通参与者提供多样性服务，如获知哪里发生了交通事故、哪里交通拥挤、哪条路最为畅通，并向驾驶员和交通管理人员提供实时交通信息。

（2）提高运营效率，减少交通负荷和环境污染

利用既有交通设施实时监控地面道路交通流量大的交叉口，人流集中的路段、枢纽、场站等，通过提供驾驶员与调度管理中心之间的双向通信，提高商业车辆、公共汽车和出租车的运营效率。

（3）保证交通安全，提高交通管理水平

智慧交通可预测潜在风险，提高交通的安全水平，降低事故发生率；发生事故后，智慧交通能够减轻事故的损害程度，防止事故后灾难扩大。在常态下，能够减少交警巡逻出勤的辛劳，降低管理成本；在异常情况下，可以在接警后第一时间调取现场事件图像，为应急处置做充分准备。

（4）引入车辆通信和自动驾驶技术

引入车辆通信和自动驾驶技术，实现车辆与车辆之间、车辆与基础设施之间的高效通信、协同行驶，利用实时数据辅助驾驶员驾驶汽车，或替代驾驶员自动驾驶汽车，提高交通效率和安全性。

4.2 智慧导航

智慧导航是一种基于先进的计算机技术和数据处理能力的导航系统，旨在提供更智能化、个性化、实时化的导航服务。

智慧导航利用人工智能、机器学习和实时数据分析等技术，通过综合多种数据源信息，以更好地理解用户需求、交通状况和环境变化，从而提供更准确、高效的导航建议，并通过不断研究用户的

行为和反馈，优化导航建议，使导航系统更智能化、便捷化，提升用户在交通导航过程中的体验。

智慧导航通常可以概括为数据整合建模、路径规划、用户交互反馈三个阶段。

（1）在数据整合建模阶段，智慧导航系统基于收集的实时地理位置数据、交通流量数据、道路状况数据等，并结合地图数据、社交媒体反馈、用户行为数据等建立实时、动态的地理信息。

（2）在路径规划阶段，使用大数据技术对收集到的数据进行分析，识别交通模式、高峰时段、瓶颈道路等，以预测未来的交通状况，并结合人工智能算法对用户行为和偏好进行建模，以提供准确、实时、个性化的导航建议。

（3）在用户交互反馈阶段，通过持续收集用户反馈数据、行为数据和地理信息，不断优化智慧导航系统，从而为不同场景提供定制化的人机交互方案，提升用户的导航体验。

传统导航与智慧导航的对比如图 1-15 所示。

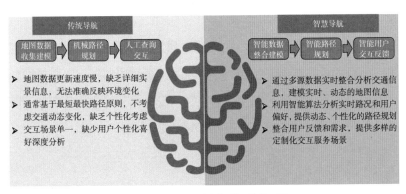

图 1-15　传统导航与智慧导航的对比

相较于传统导航，智慧导航具有以下优势和特色：

（1）实时性

智慧导航系统利用实时交通数据进行监测，能够动态调整导航路径，以避免交通拥堵、事故或其他临时性问题，从而提出更及时、准确的导航建议，使用户能够高效到达目的地。

（2）个性化

智慧导航系统能够分析用户的历史行为、偏好和实时需求，提出个性化的导航建议。通过人工智能算法，系统可以适应不同用户的出行偏好，为每个用户定制最合适的导航路径。

（3）多源数据整合

智慧导航系统能够整合卫星导航、交通流量数据、地理信息系统、用户反馈、社交媒体数据等多种数据源，建立更全面、翔实的地理信息数据库，提高导航的准确性和全面性，更好地为用户提供服务。

（4）智能交互反馈

智慧导航系统能够根据不同场景提供定制化的用户交互方案，用户可以输入实时需求、报告道路问题，系统能够根据用户反馈动态调整导航建议。这种双向交互机制不仅优化了用户体验感受，而且使系统能够灵活适应用户需求和变化的环境。

4.3 智能驾驶

智能驾驶是一项复杂的系统工程，涉及多方面的技术和产业链，旨在提高车辆的安全性、效率。

　　智能驾驶指汽车通过搭载先进的传感器、控制器、执行器、通信模块等设备实现协助驾驶员对车辆的操控，甚至完全代替驾驶员实现无人驾驶，从而提高交通系统的效率、安全性和便利性。

　　智能驾驶的实现通常可以概括为感知阶段、决策与规划阶段和辅助执行阶段。

　　（1）在感知阶段，车辆通过各种传感器感知周围环境并收集数据，帮助智能驾驶系统检测道路、其他车辆、行人、障碍物和交通标识等，以建立对当前驾驶环境的理解。

　　（2）在决策与规划阶段，智能驾驶系统对基于感知阶段获得的数据与驾驶环境进行理解与分析，制定最佳行驶策略并规划车辆行进路径，从而做出安全有效的驾驶决策。

　　（3）在辅助执行阶段，依据决策与规划阶段制定的辅助决策，车辆自主执行或辅助提示驾驶员完成车道保持、超车并道、红灯停绿灯行、灯语笛语交互等驾驶行为。

　　传统驾驶与智能驾驶的对比如图 1-16 所示。

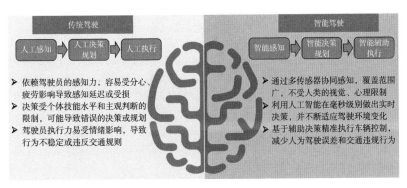

图 1-16　传统驾驶与智能驾驶的对比

相较于传统驾驶，智能驾驶具有以下优势和特色：

（1）提高生产效率和交通效率

智能驾驶将是未来解决交通拥堵的重要技术，能大大提高生产效率和交通效率。随着智能驾驶的普及，交通拥堵不再是问题，人们可以接受更长的通勤距离，汽车成为家和办公室的自然延伸，有利于新型城镇化建设。

（2）缓解劳动力短缺

智能驾驶能够为劳动力短缺引起的经济问题和社会问题创造良机，如智能驾驶将推动汽车所有权形式和使用方式的改变，既能够有效降低汽车出行成本，又能够缓解劳动力短缺。

（3）改善环境

智能驾驶系统能够有效减少污染物排放，不仅表现在智能驾驶系统能够节省能源，而且能够提高车辆利用率，缓解交通拥堵，降低污染物排放，从而减轻污染。此外，通过按需按时分配汽车可以更好地统筹安排车辆，提高车辆使用效率，减少车辆消费总量，有效减少碳排放。

5. 用——从生产到应用的智慧化

从每个产品的生产制造环节，到每个产品流转到市场环节，再到每个产品进入千家万户和每个终端消费者的使用环节，人工智能正以迅猛的速度颠覆人们的生产方式、流通方式和生活方式，为人们生活中以"用"为核心的场景提供新的颠覆式的智慧解决方案。

本书以智能制造、智慧物流、智能家电三个核心场景为例，剖析各环节的智慧化场景现状、智慧化运转方式，以及相较于传统模式的优势和特色。

5.1　智能制造

智能制造是具有信息自感知、自决策、自执行等功能的先进制造过程、系统与模式的总称，具体体现在制造过程的各个环节与物联网、大数据、云计算、人工智能等新一代信息技术的深度融合。

智能制造基于对实际制造需求的把握，主要通过以下三个大流程实现。

（1）通过网络互联完成企业各种设备、生产线和整个制造系统之间的互联互通，提供网络互联基础设施实现和技术保障。

（2）以产品的全生命周期数字化管理为基础，把智能制造产品的数字化、制造过程的自动化、生产过程的数据可视化作为智能化的关键步骤，实现数字化和数据可视化。

（3）通过对制造过程的数据采集、制造环境的状态感知，进行数据建模分析和仿真，并不断动态优化生产及运行过程，实现高效、优质、低耗、绿色的产品制造。

传统制造与智能制造的对比如图 1-17 所示。

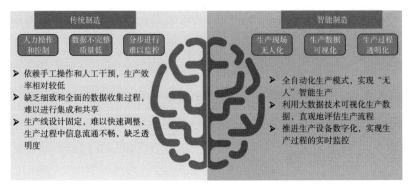

图1-17　传统制造与智能制造的对比

相较于传统制造，智能制造具有以下优势和特色：

（1）生产现场无人化

在智能制造企业生产现场，数控加工中心、智能机器人、三坐标测量仪及其他柔性化制造单元进行自动化排产调度，工件、物料、刀具进行自动化装卸调度，可以达到无人值守的全自动化生产模式。在不间断单元自动化生产的情况下，可以实时管理生产任务，远程查看管理单元内的生产状态，这样在生产中遇到问题时可以立刻进行处理，并恢复自动化生产，整个生产过程不需要人工参与，真正实现"无人"智能生产。

（2）生产数据可视化

在生产现场，每隔几秒就收集一次数据，利用这些数据可以实现很多形式的分析，包括设备开机率、主轴运转率、主轴负载率、运行率、故障率、生产率、设备综合利用率、零部件合格率、质量百分比等。在生产工艺改进方面，在生产过程中使用这些大数据，就能分析整个生产流程，了解每个环节是如何执行的。一旦有某个流程偏离了标准工艺，就会产生报警信号，能快速发现错误或者瓶颈所在，就能轻松解决问题。利用虚拟／增强现实技术，还可以对产品的生产过程建立虚拟模型，仿真并优化生产流程。当所有流程和绩效数据都能在系统中重建时，这种透明度将有助于制造企业改进其生产流程。此外，在能耗分析方面，智能制造利用大数据技术分析生产数据，智能检测能耗的异常或峰值状态，在生产过程中优化能源的消耗。

（3）生产过程透明化

智能制造引入各种传感器和物联网设备，实时采集生产线上的数据以实现生产过程的实时监控，并利用大屏幕、数据仪表盘等工具，将生产数据以直观的方式呈现，使生产过程的关键信息一目了然，方便管理人员实时掌握生产状态。

知识链接

搬运机器人是应用机器人运动轨迹代替人工搬运的自动化产品，是可以进行自动化搬运作业的工业机器人。搬运机器人可安装不同的末端执行器以完成各种不同形状和状态的工件搬运工作，大大减轻了人类繁重的体力劳动。搬运机器人广泛应用于机床上下料、冲压机自动化生产线、自动装配流水线、码垛搬运、集装箱等的自动搬运。

5.2 智慧物流

智慧物流主要是指通过智能软硬件、物联网、大数据分析、自动化等智能化技术手段，优化物流的各个环节及整体过程。智慧物流旨在利用精细化、动态化、可视化的物流管理，提升货物状态跟踪、库存动态管理和运输持续优化的效率。

通过物联网技术获取运输、仓储、包装、装卸搬运、流通加工、配送等整个物流过程的信息，实现数据的收集，进而实时、准确掌握货物、车辆和仓库等信息；然后将采集的信息通过网络传输到数据中心或者物流平台，运用互联网、大数据、云计算等技术综合分析和动态规划物流中配送时间、服务质量、安全保障等问题，实现物流的自动化、可视化、可控化、智能化和网络化。

传统物流与智慧物流的对比如图 1-18 所示。

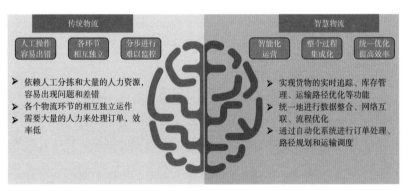

图 1-18　传统物流与智慧物流的对比

相较于传统物流，智慧物流具有以下优势和特色：

（1）智能化

通过智能技术的应用，智慧物流可以实现货物实时追踪、库存管理、运输路径优化等功能，大大提高了物流的效率和安全性。智慧物流利用物联网、大数据、人工智能等技术对物流的各个环节和整个过程进行全方位的实时监控和管理，并进行智能路径规划、货物调度及库存优化，实现更加智能化的决策过程。

（2）集成化

智慧物流通过统一进行数据整合、网络互联、流程优化，整合与物流相关的技术和系统，实现智慧物流集成化。

（3）高效率

智慧物流可以利用自动化系统进行订单处理和分拣，有效提高了订单处理的速度和准确性。此外，在运输环节，智慧物流则可以进行路径规划和运输调度，优化运输路线，提高车辆利用率，从而提高了运输效率，同时降低了能源消耗和排放。

（4）用户体验好

在智慧物流中，客户可以实时地掌握货物的位置和状态，这保证了物品的可追溯性，增强了用户对物流的信任。智慧物流还可以进一步利用大数据技术分析用户的需求，提供个性化的物流服务，进一步提升用户体验，提高用户的满意度和信任度。

5.3 智能家电

智能家电是指集成了物联网、传感器、智能控制和网络通信技术等各种先进技术的家用电器，智能家电能够通过互联网和其他通信技术进行数据交换和远程控制，以提高家居生活的便利性、舒适性。

智能家电首先使用各种传感器（如温度传感器、湿度传感器、运动传感器、光线传感器等）收集家庭环境和设备状态的各种数据，然后将家用电器连接到网络中，使其能够与其他设备、云平台和用户终端进行数据通信；最后通过集中的智能控制系统对传感器获取到的数据进行分析和决策，实现远程自动控制。

传统家电与智能家电的对比如图 1-19 所示。

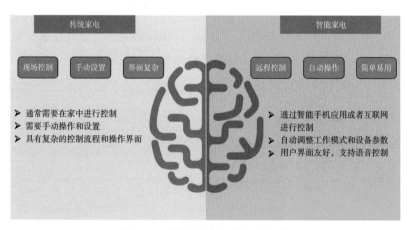

图 1-19　传统家电与智能家电的对比

相较于传统家电，智能家电具有以下优势和特色：

（1）网络化

智能家电可以通过智能手机应用或者互联网进行操作和控制，无须现场操作即可实现不受距离限制的远程控制。通过网络互联，不同智能家电之间可以互相通信和协作，形成智能化的家居生态系统，实现更加高效的能源利用和用户体验。

（2）智能化

智能家电能够根据用户的习惯和设置，自动调整工作模式、温度、湿度、亮度等参数，具备自动控制的能力。而且，一些智能家电集成了人工智能技术，具备学习用户习惯的能力，通过不断学习用户的偏好和行为，逐渐提供更个性化的服务。

（3）易用性

智能家电复杂的控制流程由内嵌在其中的智能控制器控制实现，因此用户只需了解简单的操作。此外，智能家电通常拥有直观、易懂的用户界面，如手机应用或触摸屏，使用户可以轻松理解和操作设备。此外，一些智能家电设备还支持语音控制，用户可以通过语音指令快速操控设备，无须烦琐的操作步骤。

6. 医——从科研到诊疗的智慧化

从医学的实验科研环节，到新药研发环节，再到终端患者的诊疗环节，人工智能为医学发展提供新的思路和模式，为人们生活中以"医"为核心的场景提供新的现代化融合式的智慧解决方案。

本书以智慧医学实验室、智慧制药、智慧医疗三个核心场景为例，剖析各环节的智慧化场景现状、智慧化运转方式，以及相较于传统模式的优势和特色。

6.1 智慧医学实验室

智慧医学实验室是指在医学实验室的设计、建设和营运中，利用互联网、物联网、大数据和人工智能等技术平台，借助信息终端远程操作医学实验室设备和设施，对人体标本进行生物学、微生物学、免疫学、化学、免疫血液学等检验的实验室，它可以对所有与实验研究相关方面提供咨询服务，包括对检验结果和进一步检验提出建议。

智慧医学实验室通过建立先进的计算和数据存储基础设施，能够处理和分析大量医疗数据，包括利用机器学习和人工智能算法从复杂的医疗记录和生物标志物数据中提取关键信息。同时，通过部署自动化技术，如高通量筛选系统和智能实验设备，能够高效地进行药物测试和生物样本分析，显著提高实验效率和准确性。此外，智慧医学实验室还采用数字化方法，如电子健康记录和远程监测系统，不仅确保了数据的实时更新和准确性，而且为个性化医疗和远程诊疗创造了条件。

综合这些技术，智慧医学实验室能够在确保数据安全和遵守隐私法规的同时，加速医学研究，提高临床诊疗质量和效率，最终为患者带来更加精准和高效的医疗服务。

传统医学实验室与智慧医学实验室的对比如图1-20所示。

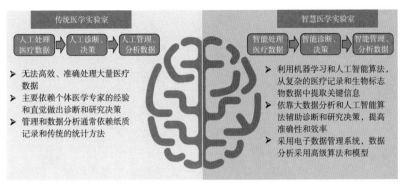

图 1-20　传统医学实验室与智慧医学实验室的对比

相较于传统医学实验室，智慧医学实验室具有以下优势和特色：

（1）自动化

智慧医学实验室的自动化指基于视觉技术、机器人技术、物联网技术、人工智能技术等，在自动化的仪器设备、自动化生产流水线、机械臂等硬件支持下，辅以配套软件以减少人力参与，让实验流程自动进行，让实验数据自动产生并记录。

（2）信息化

智慧医学实验室的信息化指基于 5G、大数据、物联网等技术，在传感器等硬件设备及配套软件系统支持下，一方面将涉及实验室运营管理的信息（如环境温湿度、耗材库存量等）以数据形式呈现，将纯人力的监督判断行为转化为基于数字的公式算法；另一方面将习惯纸质记录的实验设计、数据及流程等信息转化为电子版呈现，并配以相应标签，为数字化应用提供数据基础。

（3）数字化

智慧医学实验室的数字化指基于大数据、云计算和人工智能等技术，对实验室产生的大量实验和运营数据进行整合、分析，建立模型算法，使实验更加合规安全、高效便捷。

6.2 智慧制药

智慧制药通过互联网、大数据、人工智能等现代技术，以及制药行业的专业知识，对医药行业进行全面的数字化转型，以实现从研发、生产、流通到终端消费全链条的质量提升，为制药企业加强质量控制、降低质量风险，同时提高效率、降低成本。

智慧制药是一种在传统制药过程中集成现代科技的革新模式。

（1）通过大数据分析和人工智能算法，对大量药物研发数据进行深入挖掘，从而优化药物的设计和筛选过程。例如，利用机器学习模型预测化合物的药效和毒性，减少不必要的试验。

（2）在药物临床试验阶段，利用数据分析和人工智能对临床数据进行实时监控和分析，快速发现潜在的问题和副作用，从而提高临床试验的安全性和效率。在药物生产阶段，智慧制药通过自动化和智能化生产线，提高生产效率和质量控制水平。

（3）在供应链管理方面，智慧制药利用物联网技术对药品的存储和运输过程进行监控，确保药品在整个供应链中的质量和安全性。通过对这些技术的应用，智慧制药能有效缩短药物研发周期，降低成本，同时提高药物的安全性和有效性。

传统制药与智慧制药的对比如图1-21所示。

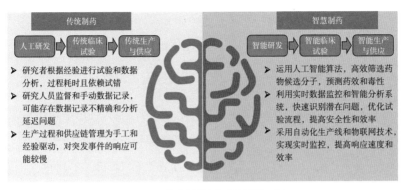

图 1-21　传统制药与智慧制药的对比

相较于传统制药，智慧制药具有以下优势和特色：

（1）智能化

智慧制药利用人工智能和机器学习技术深度分析药物研发数据，包括利用预测模型评估化合物的药效和毒性，以及通过算法在临床试验阶段实时监控和分析数据，快速识别潜在问题和副作用。

（2）精确化

精确化体现在药物研发和生产的每一个环节。通过精确的数据驱动，可以在药物设计阶段更准确地确定目标和路径。在生产环节，通过精准控制生产条件和过程，确保药品的质量一致性和疗效稳定性。

（3）高效化

通过自动化和智能化的应用，智慧制药显著提高了研发流程的效率。快速的数据处理和自动化试验设备大幅缩短了药物从研发到上市的时间。在临床试验阶段，高效的数据分析和实时监控系统缩短了试验周期，加快了药物评估和优化过程。

（4）可持续化

智慧制药通过优化资源使用和减少废物产生，促进了可持续发展，如在生产过程减少化学试剂的使用量和废弃物的排放量。此外，智慧制药通过提高资源利用率和生产过程对环境的友好性，有助于推动制药行业朝着绿色、可持续的方向发展。

6.3　智慧医疗

智慧医疗指通过对现代信息技术，尤其是物联网、大数据、人工智能、云计算等技术的应用，提高医疗服务的质量和效率，实现医疗资源的优化配置，提升患者治疗的个性化和精准度。

智慧医疗以先进的信息技术为基础，通过多环节、多层次的智能化改造，提升医疗服务的整体效能，从而构建一个全面互联、高效协同、智能化的医疗健康服务系统。

（1）智慧医疗依赖强大的数据处理能力和存储系统，并允许医疗机构收集、整合和分析来自多个渠道的海量健康数据。例如，采用人工智能算法处理电子病历、生化检验结果和医学影像，提取关键指标，辅助临床决策。

（2）智慧医疗通过部署各种自动化技术，如智能分诊系统、自动化药物配送系统和远程监测设备，优化了医疗服务流程，提高了服务质量和工作效率。自动化流程减轻了医护人员的重复劳动，使他们能够更多地专注于病人护理和复杂的决策任务。

（3）智慧医疗包括数字化的医疗服务，如通过移动应用程序提供在线咨询、药物配送和健康管理服务，使患者即使在家中也能获得连续的医疗关注。电子健康记录的使用不仅方便了医患之间的信息共享，而且为精准医疗和远程诊疗提供了强有力的数据支持。

（4）智慧医疗强调对数据安全和隐私的保护。采用加密技术、访问控制和数据匿名化等措施，确保患者信息的安全。

传统医疗与智慧医疗的对比如图 1-22 所示。

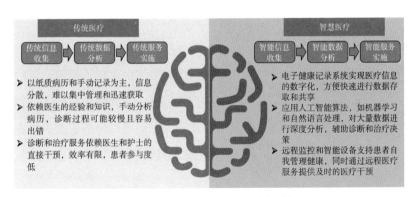

图 1-22　传统医疗与智慧医疗的对比

相较于传统医疗，智慧医疗具有以下优势和特色：

（1）智能化诊断

人工智能通过分析大量的电子健康记录，运用机器学习分类器辅助医生进行疾病诊断，特别是在罕见疾病的识别和预测上表现出独特优势。智能算法能够帮助医生提出有针对性的问题，提高诊断的精准度。例如，对阿尔茨海默病不但可以通过早期预测因子，而且可以考虑主要症状，帮助医生提出最合适的问题，帮助患者获得最准确的治疗。

（2）远程化监护

智慧医疗中的远程监护功能通过在患者家中或其身上安装传感器和可穿戴设备，实时监控其健康状况。这些设备能够捕捉到微小的生理变化，这些变化医生可能难以察觉，而对机器学习算法来说则是明显的信号。如果检测到的数据指示存在健康问题，算法会立即通知医生，从而实现对患者健康的实时监控和快速响应。

（3）数字化记录

利用自然语言处理技术，智慧医疗能够优化对电子健康记录的管理，通过标准化医学术语和消除重复信息，提升健康记录的可用性。自然语言处理算法整合了这些差异，以便可以分析更大的数据集。此外，智能算法还能分析患者的历史数据和家族史，预测疾病风险。

（4）精准化治疗

药物之间的相互作用对同时服用多种药物的人会构成威胁，并且危险性会随服用药物数量的增加而增加。而人工智能在识别药物之间相互作用方面展现出巨大潜力，通过分析医学文献和数据库，智慧医疗可以为医生提供关于药物组合的精确指导，降低药物副作用的风险。

数字**职业**篇

　　在数字化迅速发展的时代，人工智能不仅是技术革命的前沿，而且是推动国家战略布局和职业发展的关键力量。随着人工智能技术的深入应用，从智能制造到智慧医疗，从自动驾驶到智能教育，我们正步入全新的工作和生活方式。但是，这需要怎样的人才来支撑？他们需要掌握哪些技能，将面临怎样的挑战与机遇？

　　在本篇，我们将探索人工智能与职业发展的紧密联系，了解人工智能职业的分类、特点及其对国家发展战略的重要性，探讨 AI 行业人才的培养路径，以及如何通过高校和职业院校的专业人才培养，乃至在职培训和终身学习，来适应这一技术革命带来的变革。

第3课

人工智能与职业发展

1. 人工智能与国家发展战略

围绕国家高质量发展，积极建设数字中国，人工智能技术正深刻改变着你我。在国家战略规划中，人工智能究竟处于什么样的地位？中国如何把握人工智能发展的重大历史机遇？该怎样描绘人工智能开放式创新下的蓝图？首个国家级人工智能发展规划——《新一代人工智能发展规划》的发布，掀开了人工智能发展的新篇章，推动这辆科技创新的列车在未来轨道上滚滚向前。

（1）人工智能在国家发展中的重要地位

在人工智能的漫长发展史中，"人工智能"一词的诞生可以追溯到 20 世纪 50 年代，由"人工智能之父"约翰·麦卡锡（John McCarthy）首次提出。1956 年，他推动召开了达特茅斯会议，正式确立人工智能为计算机科学中一门独立的经验科学。

随着 AI 三大核心要素——数据、算法和算力不断取得突破

（见图 2-1），人工智能进入迅猛发展的黄金时期，一系列突破性的事件让人工智能脱颖而出，例如，苹果语音助手（Apple Siri）、微软小娜（Microsoft Cortana）等语音助手的出现，让语音识别和自然语言处理技术在电子消费产品中得到广泛应用；2016 年，DeepMind 公司开发的阿尔法围棋（AlphaGo）击败了围棋冠军李世石，展示了在极其复杂的策略游戏中人工智能的强大能力；在实用性和创新性的大舞台上，如人工智能系统 AlphaFold 破解蛋白质折叠问题、无人自动驾驶汽车、大规模预训练自然语言处理模型（chat generative pre-trained transformer，ChatGPT）等应用正闪耀着光芒，为人工智能的发展描绘出无限的可能性。

图 2-1　人工智能三个核心要素

在数字全球化的新时代，人工智能技术已经成为新一轮产业变革的核心驱动力之一，也是提升国家竞争力的关键。在人工智能的引领下，数字经济正飞速发展。从个人语音助理到智能家居，从聊天机器人到交通导航，人工智能技术新应用不断改变我们的生活方式和思考模式。同时，人工智能不仅为国家经济发展创造新增长点，而且加速了社会经济结构的升级，如图 2-2 所示。

图 2-2　人工智能在生活中的应用（购物推荐、人脸识别、自动驾驶、智能家居）

除推动国家经济发展外，人工智能还承载着社会、国防、科技创新等多重意义和价值。从城市治理到社会建设，从国防安全到军事实力，再到科技创新和智慧研发，人工智能的影响无处不在。

（2）国家对人工智能发展的政策和战略部署

2017 年是我国人工智能的发展元年。《新一代人工智能发展规划》（以下简称《规划》）出台后，人工智能的发展首次提高到国家战略层面。《规划》明确指出人工智能是国际竞争的新焦点、经济发展的新引擎，能为社会建设带来新机遇。《规划》不仅为人工智能奠定了关键的国家战略地位，而且为我国未来人工智能的发展指明方向，确定了"三步走"战略目标，如图2-3所示。

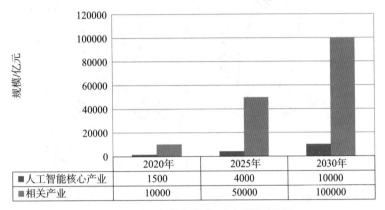

	2020年	2025年	2030年
■人工智能核心产业	1500	4000	10000
■相关产业	10000	50000	100000

图2-3　人工智能产业"三步走"战略目标

第一步，到2020年人工智能总体技术和应用与世界先进水平同步，人工智能产业成为新的重要经济增长点，人工智能技术应用成为改善民生的新途径，有力支撑进入创新型国家行列和实现全面建成小康社会的奋斗目标。

第二步，到2025年人工智能基础理论实现重大突破，部分技术与应用达到世界领先水平，人工智能成为带动我国产业升级和经济转型的主要动力，智能社会建设取得积极进展。

第三步，到2030年人工智能理论、技术与应用总体达到世界领先水平，成为世界主要人工智能创新中心，智能经济、智能社会取得明显成效，为跻身创新型国家前列和经济强国奠定重要基础。

《规划》立足整体、聚焦全局，不仅构筑我国人工智能发展的先发优势，而且加速国务院、各组织部门进行相关人才教育、创新平台建设和实际应用落地等方面政策的制定，全方面规划人工智能的发展路线和未来蓝图。

2021 年 3 月，我国发布《中华人民共和国国民经济和社会发展第十四个五年规划和 2035 年远景目标纲要》，其中在强化国家战略科技力量、打造数字经济新优势、加强网络安全保护、促进国防实力和经济实力同步提升等关键任务中，都强调了人工智能发展，这表明以人工智能为代表的新一代信息技术，将成为我国"十四五"期间推动经济高质量发展、建设创新型国家，实现新型工业化、信息化、城镇化和农业现代化的重要技术保障和核心驱动力之一。

2022 年 7 月，科技部等六部门发布《关于加快场景创新　以人工智能高水平应用促进经济高质量发展的指导意见》，体现了我国统筹推进人工智能场景创新，着力解决人工智能重大应用和产业化问题，全面提升人工智能发展质量和水平，更好支撑高质量发展的目标，围绕高端高效智能经济、智能社会建设、高水平科研活动及国家重大活动和重大工程等人工智能重大场景从创新能力、推动开放、创新要素供给等方面提出了具体要求。

国际上普遍认识到，人工智能的发展既是机遇，又是风险。因此，面对未来难以预知的各种挑战和问题，对人工智能的有效治理尤为重要和紧迫。中央网信办在 2023 年 10 月 18 日发布《全球人工智能治理倡议》，倡导在世界和平与发展面临多元挑战的背景下，各国应秉持共同、综合、合作、可持续的安全观，坚持发展和安全并重的原则，通过对话与合作凝聚共识，构建开放、公正、有效的治理机制，促进人工智能技术造福人类，推动构建人类命运共同体。

根据零壹智库的《中国人工智能政策普查报告（2023）》统计，自 2020 年至 2023 年 6 月 14 日，在我国出台的人工智能政策中含有"人工智能产业"词条的政策数量占比为 20.00%，含有"人工智能创新发展试验区"词条的政策数量占比为 18.57%，含有"人工智能促进"词条的政策数量占比为 14.29%。同时，依据国家相关政策，各地方结合地区发展基础，出台人工智能产业发展政策，促进在人工智能技术引领下的经济转型与创新。人工智能政策调查数据如图 2-4 所示。

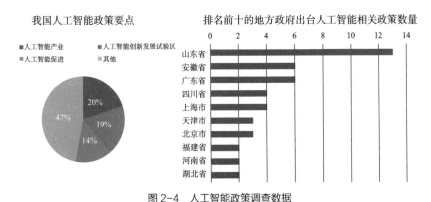

图 2-4　人工智能政策调查数据

2. 人工智能产业现状和人工智能职业发展趋势

在国家战略规划中，人工智能被赋予至关重要的地位和作用。中国积极把握人工智能发展的历史机遇，将其视为推动经济转型、提升产业竞争力的关键，正努力在全球人工智能领域取得领先地位。受益于国家政策的大力支持，人工智能行业迅速发展。

（1）人工智能产业现状

人工智能产业按技术架构可以大致划分为基础层、技术层和应用层三个核心环节，如图2-5所示。其中，基础层提供人工智能算力支持、设备和服务等，涵盖数据采集、大数据管理与开发、云计算技术和AI芯片等重要组成部分；技术层专注于通用机器学习、大语言模型和多模态模型等，并将其搭载在硬件设备上；应用层负责将人工智能技术落地实现于不同行业及场景，包括金融、医疗、教育、交通、智能机器人及各领域的人脸和语音识别等。

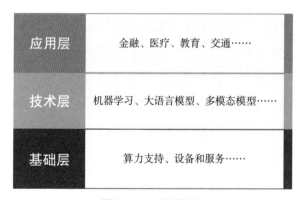

图 2-5　人工智能产业

基础层中，AI芯片是最重要的硬件资源，也是国家高度重视的产业支点。我国目前正处于AI芯片研发的起步阶段。市场研究机构IDC（international data corporation）发布的《中国人工智能芯片市场规模预测》报告显示，未来几年，全国人工智能芯片市场将继续保持快速增长；预计到2025年，芯片市场规模将超过

1 000 亿元。同时，随着以寒武纪思元系列、华为昇腾系列等为代表的国内芯片的不断研发，我国人工智能芯片行业及相关人工智能产业势必将继续壮大，持续攻克技术难关，从而摆脱"缺芯"困境。2023 年初，IDC 与浪潮信息联合发布《2022—2023 中国人工智能计算力发展评估报告》（以下简称《报告》），《报告》指出，2022 年中国智能算力规模达到 268 百亿亿次 / 秒（EFLOPS），超过通用算力规模，预计未来 5 年中国智能算力规模的年复合增长率将达 52.3%。

我国在人工智能技术方面取得了显著进展，其中，算法层面的突破最关键。机器学习和深度学习等技术的不断演进，以及大规模自然语言处理模型和多模态模型等架构的持续创新，使人工智能在数据处理、模式识别、决策推理等方面也能突破瓶颈，为人工智能应用提供强大的支持。根据斯坦福大学发布的"Artificial Intelligence Index Report 2023"（《2023 年人工智能指数报告》），对过去 12 年 AI 期刊出版物份额进行的分析可知，中国一直处于领先位置。2021 年，我国 AI 期刊出版物份额占比达 39.78%，如图 2-6 所示。在 2021 年全球 AI 论文发表数量前十的机构排名中，前 9 个都是中国的大学与科研机构，如图 2-7 所示。中国在人工智能技术应用领域取得了一系列突出成果：深度学习技术飞速发展和落地应用，工程化能力不断增强，特别是在医疗、制造和自动驾驶等领域得到深入应用，使可信人工智能技术引起广泛关注。2023 年以来，我国自主研发的百度文心一言、科大讯飞星火大模型、商汤中文语言大模型及清华大学智谱 AI 大模型等大语言模型都显示出卓越能力。

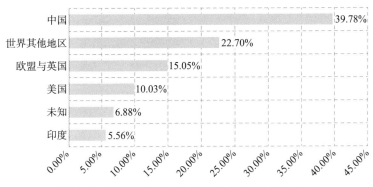

图 2-6　2021 年以地理区域划分的 AI 期刊出版物份额

图 2-7　2021 年全球 AI 论文发表数量前十的机构

　　从行业布局来看，我国人工智能行业发展主要集聚在以深圳 – 广州为中心的珠三角 AI 产业区、以上海为引领的长三角 AI 产业群，以及以北京为核心的京津冀 AI 产业区等。这三个城市群集中了我国超过约 80% 的人工智能企业，如图 2-8 所示。

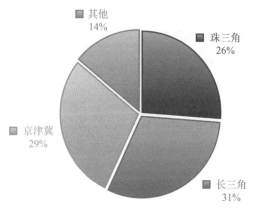

图 2-8　我国人工智能行业布局分布

从行业规模来看，我国人工智能核心产业的市场规模正不断扩大。中国工信新闻网测算，2022 年中国人工智能行业市场规模约为 3 716 亿元。预计到 2027 年，国内 AI 行业市场规模能达到 15 372 亿元，有望在下游制造、交通、金融、医疗等领域不断渗透，实现大规模落地应用。例如，我国的物联网技术发展迅速，已成为全球最大的物联网市场之一。其中，智能家居、智能交通、智能教育等应用场景非常热门。并且，我国的"支付宝""微信支付"等移动支付市场也已成熟，在区块链技术、数字货币等方面取得很大进展。

（2）人工智能职业发展趋势

随着硬件资源的完善升级、模型算法的成熟精进和实际应用的大规模推广，人工智能不仅广泛运用于娱乐消费、金融、交通、制造等领域，而且造福教育、医疗等行业。国内外各大企业都在 AI

领域投入颇多，加速各类产品的研发与上市。麦肯锡全球研究院在《工作增减：自动化时代的劳动力转型》报告中对全球 800 多种职业所涵盖的 2 000 多种工作内容进行分析后发现，全球约 50% 的工作内容可通过改进现有技术实现自动化。脉脉高聘人才智库发布的《2023 泛人工智能人才洞察》显示，2022 年人工智能行业人才供需比为 0.63，2023 年 1—8 月降低至 0.39，并且在紧缺度最高的 10 个岗位中，智能驾驶系统工程师以 0.38 的供需比位居首位。可见，尽管人工智能时代对劳动力市场带来巨大冲击，但技术发展也为相关就业市场带来了一系列可能性。

对人工智能职业发展道路，我们有望从更加智能化的服务、更多市场促进需求、更加广泛的行业覆盖等途径延伸。在 2023 年世界人工智能大会上，阿里巴巴、华为、百度、科大讯飞等 70 余家人工智能企业参展，开放了 AR/VR（增强现实技术 / 虚拟现实技术）、大模型、工业视觉、智能医疗、智能交互、自动驾驶、机器人、智能芯片等展区。智能服务如雨后春笋，有实现海量数据边缘侧实时分析处理的边缘智能平台、具备无人驾驶系统的智慧卡车、用于仓库的机器人巡检、虚实结合的 AR 教学等创新，如图 2-9 所示。人工智能大模型带动生成式人工智能产业迅速发展，在科学探索、技术研发、艺术创作、企业经营等诸多领域带来了巨大的创新机遇。人工智能技术将深入智能制造、智能农业、智慧医疗、智能物流、智能金融及智能教育等产业。而随着科学与工程上人工智能的不断发展，以及其应用领域的不断扩大，具备 AI 知识和技能的人才需求还在持续增长。

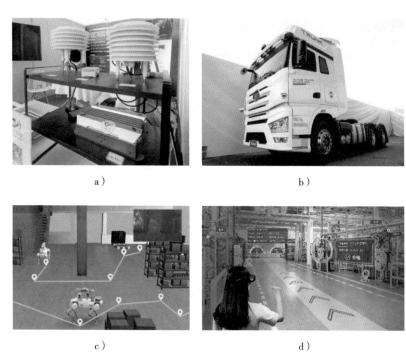

图2-9　人工智能创新应用

a）边缘智能平台　b）智慧卡车　c）机器人巡检　d）AR教学

人工智能的治理问题至关重要。"现代控制论"最重要的奠基人之一诺伯特·维纳（Norbert Wiener）曾在 *Science*（《科学》期刊）上写过一句话："我们最好非常确定我们让计算机干的事情是我们真正本来的意图。"类脑智能实验室副主任、人工智能伦理与治理中心主任、联合国人工智能高层顾问机构专家组专家曾毅对此进行了深刻解读，强调"不管作为程序员还是作为用户，要精确地描述你的用户需求，但是你自己也要把风险避免清楚"。他指出，由于技术发展认知升级的速度变快，这些年的实践使初始风险的判断预研显得非常不足，人工智能的创新者逐渐发现人工智能可能的风险、安全隐患和伦理问题。因此，对数据安全、隐私保护、伦理问题等方面的风险认识和治理，成为每个从业人员需要认真思考的议题。在这个充满技术挑战和道德考验的领域，我们需要共同努力，在确保人工智能造福人类的同时合理规避潜在风险。

3. 人工智能职业的分类与特点

2019 年 8 月 27 日，工业和信息化部人才交流中心发布的《人工智能产业人才岗位能力要求》根据当前人工智能产业的实际情况，将人工智能人才分为源头创新人才、产业研发人才、应用开发人才和实用技能人才四类，针对企业对产业研发人才、应用开发人才和实用技能人才的需求，划分了 57 个具体岗位的能力要求。人工智能岗位的具体分布及分类见表 2-1。

表 2-1　人工智能岗位的具体分布及分类

岗位分布	分类
知识图谱	知识图谱研发工程师、知识图谱工程师（问答系统方向）、知识图谱工程师（搜索／推荐方向）、知识图谱工程师（NLP 方向）、知识图谱数据标注工程师
服务机器人	机器人算法工程师、嵌入式系统开发工程师、智能应用开发工程师、机器人调试工程师、机器人维护工程师
智能语音	语音识别算法工程师、语音合成算法工程师、语音信号处理算法工程师、语音前端处理工程师、语音开发工程师、语音数据处理工程师

续表

岗位分布	分类
自然语言处理	算法研发工程师、架构师、开发工程师、实施工程师、测试工程师、对话系统工程师、建模应用工程师、数据标注工程师
计算机视觉	算法研发工程师、平台研发工程师、架构师、开发工程师、实施工程师、测试工程师、建模应用工程师、数据处理工程师
机器学习	算法研发工程师、系统工程师、平台研发工程师、架构师、开发工程师、实施工程师、测试工程师、建模应用工程师、计算支持工程师
深度学习	算法研发工程师、系统工程师、平台研发工程师、建模应用工程师、技术支持工程师
物联网	物联网架构师、物联网算法工程师、智能终端开发工程师、IoT平台软件应用开发工程师、物联网实施工程师、物联网运维工程师
智能芯片	架构设计工程师、逻辑设计工程师、物理设计工程师、软件系统开发工程师、芯片验证工程师

随着我国进入新发展阶段，以及新技术、新产业、新业态的迅猛发展，2021年4月，人力资源社会保障部会同国家市场监督管理总局、国家统计局启动《中华人民共和国职业分类大典》（以下简称《大典》）修订工作，并于2022年7月发布《大典》公示稿。根据2022年版《大典》，人工智能职业在数字技术工程技术人员及软件和信息技术服务人员方面有两类职业：人工智能工程技术人员、人工智能训练师。

（1）人工智能工程技术人员

2019 年 4 月 1 日，人力资源社会保障部、国家市场监督管理总局、国家统计局发布包括人工智能工程技术人员等 13 个新职业信息。《大典》对人工智能技术人员职业做出如下介绍：人工智能工程技术人员指从事人工智能相关算法，深度学习技术的分析、研究、开发，设计、优化、运维、管理和应用人工智能系统的工程技术人员，其主要职责如图 2-10 所示。

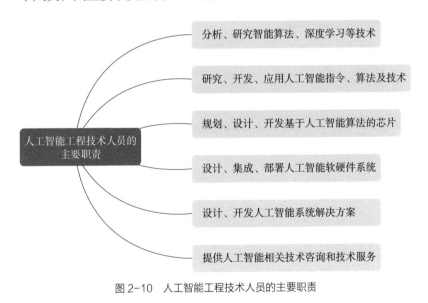

图 2-10　人工智能工程技术人员的主要职责

（2）人工智能训练师

2020 年 2 月 25 日，人力资源社会保障部、国家市场监督管理总局、国家统计局发布包括人工智能训练师在内的 16 个新职业。而后，《大典》对其中的人工智能训练师职业做出如下介绍：人工智能训练师指使用智能训练软件，在人工智能产品实际使用过程中，进行数据库管理、算法参数设置、人机交互设计、性能测试跟踪等工作的人员，其主要职责如图 2-11 所示。

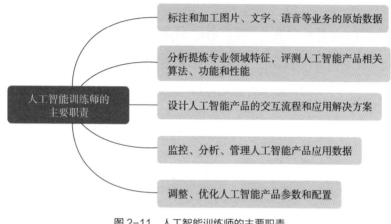

图 2-11　人工智能训练师的主要职责

第4课

人工智能行业人才

1. 探索人工智能行业的机遇与创新驱动

（1）人工智能行业的机遇

目前，人工智能已成为国家重要战略，也是我国供给侧结构性改革的创新引擎。在当下大环境下，人工智能行业该顺应怎样的潮流向前发展呢？

放眼近70年的发展历程，人工智能经历了符号推理阶段、专家系统阶段和深度学习阶段，如图 2-12 所示。近年来处于迅猛发展中的基于"大数据 + 大算力 + 强算法"训练的人工智能大模型是第三阶段的典型体现，它标志着人工智能发展已从理论迈向实践，正式进入实用阶段。

人工智能行业的发展分为基础研究阶段、应用探索阶段、商业应用阶段和普及应用阶段。

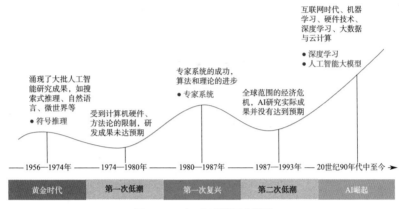

图 2-12　人工智能发展的阶段

1）基础研究阶段。该阶段的重点是推动人工智能理论和技术的发展，探索各种算法、模型和方法的潜力。该阶段通常由学术界和研究机构主导，目的是理解人工智能的基本原理和局限性，并提出新的解决方案。例如，研究人员可致力于改进神经网络的训练算法，以提高模型的准确性和效率。

2）应用探索阶段。该阶段的重点是将人工智能技术应用于特定领域，探索其潜在的应用场景和效果。该阶段通常由研究机构、初创企业和一些领头的科技公司主导，目的是将最新的人工智能技术应用于实际问题。例如，研究人员和初创企业可尝试研发自动驾驶汽车，或者尝试将人工智能用于医疗影像诊断。

3）商业应用阶段。在该阶段人工智能技术开始广泛应用于商业环境中，以解决实际业务问题并实现商业目标。人工智能技术开始进入商业化阶段，各种企业开始将人工智能整合到自己的产品和服务中。例如，电子商务公司可以利用人工智能技术为用户提供个性化的购物推荐，银行利用人工智能技术分析客户数据以改进风险管理。

4）普及应用阶段。在该阶段人工智能技术已成为各行各业的标配，广泛应用于日常生活和工作中。人工智能技术已不再是一种新奇的概念，它已成为人们生活的一部分，如人们可通过语音助手控制家庭设备、使用智能摄像头监控家庭安全。

中国电子商会发布的《2021 年中国人工智能企业市场现状与竞争格局分析》指出，从人工智能企业的技术层次分布看，应用层人工智能企业占比最高，为 84.05%；其次是技术层企业，占比为 13.65%；基础层企业占比最低，为 2.30%，如图 2-13所示。

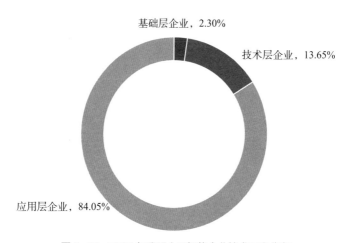

图 2-13　2021 年我国人工智能企业技术层次分布

未来，人工智能将加速迈向全面应用新阶段。从单点应用到多元化应用、从通用场景到行业特定场景，人工智能将着眼于个性化和领域化的发展，从而更加高效、精准地处理生产生活中的复杂问题。此外，人工智能与各行各业的融合应用在不断深入，推动行业革新。

人工智能行业的发展离不开人工智能人才的推动。近年来，《新一代人工智能发展规划》《促进新一代人工智能产业发展三年行动计划（2018—2020 年）》等战略性和指导性文件强调加快人才培养，即"吸引和培养人工智能高端人才和创新创业人才，支持一批领军人才和青年拔尖人才成长，支持加强人工智能相关学科专业建设，引导培养产业发展急需的技能型人才"。可见，培养人工智能技能型人才已成为人工智能发展的重中之重。

人才是创新的第一资源，高技能人才则是促进产业升级、推动高质量发展的重要支撑。结合人工智能的技术本质与劳动力特征，可以认为，人工智能时代的合格技能技术人才必须实现从态度到实践、从理念到行为、从内在到外在的全面跃迁，在理念层面、专业层面和实践层面掌握与机器竞争、对话、合作的能力。

人工智能技能型人才按工作领域和职业等级分类如下：

1）按工作领域分类。为与人工智能产业技术架构的三个层次相对应，可大致将人工智能技能型人才划分为三种。基础层人工智能技能型人才以 AI 芯片、计算机语言、算法架构等研发为主，所需人才应掌握这些方面的技能。技术层人才以计算机视觉、智能语言、自然语言处理等应用算法研发为主，所需人才应精通计算机视觉、自然语言处理等。应用层人才以 AI 技术集成与应用开发为主，主要需要机器学习、大数据、云计算等方面的人才。

2）按职业等级分类。人工智能工程技术人员在企业中的最终角色是首席技术官，其职业通道可分为初级工程技术人员、中级工程技术人员、高级工程技术人员。初级工程技术人员主要负责设计解决方案、编写代码、分析并解决复杂问题。中级工程技术人员负责评估工作量、分配任务、审核代码，并推动代码质量和自动化工具的发展。高级工程技术人员组建并领导技术平台开发团队，协调各产品线的技术开发和整合。首席技术官负责制定技术战略、识别商机、规划产品发展方向，并引领公司技术创新和业务增长。

人工智能工程技术人员各等级主要职责如图 2-14 所示。

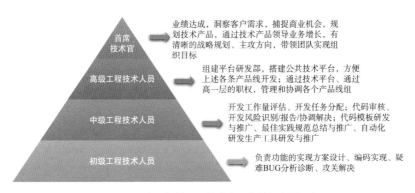

图 2-14　人工智能工程技术人员各等级主要职责

拓展阅读

根据脉脉发布的《2023 人工智能人才洞察报告》，截至 2023 年 8 月，人工智能领域的新岗位数量已经达到了 2022 年全年的水平。在人工智能领域，算法工程师成为最热门的职位，新发岗位占比将近一半，达到了 46.45%，而自然语言处

理职位占 11.04%，位居第二。图像识别职位占 6.68%，位居第
三。其后依次是人工智能工程师、算法研究员、智能驾驶工程
师、机器学习、深度学习、数据挖掘。

（2）人工智能行业人才对行业发展的推动

人工智能进入第三发展阶段后，不断涌现的尖端创新人才推动
人工智能行业快速发展。

2006 年，图灵奖得主加拿大计算机科学家杰弗里·辛顿带领
团队开发了深度神经网络模型，在图像识别和语音识别方面取得了
突破性进展，因此被称为"深度学习之父"。辛顿的工作推动了自
动驾驶汽车、医疗影像分析、语音助手等领域的发展。

2009 年，斯坦福大学教授李飞飞领导的大规模视觉数据库项
目——ImageNet，对计算机视觉领域产生了深远影响。ImageNet
的成功推动了计算机视觉在安防监控、医疗图像分析、自动驾驶等
领域的应用。

2016 年后，特斯拉公司首席执行官埃隆·马斯克不断推进自
动驾驶技术的发展，通过深度学习算法优化其 Autopilot 系统，特
斯拉在自动驾驶技术方面的进展，推动了汽车行业的变革，加速了
自动驾驶汽车的商业化进程。

OpenAI 自 2019 年成立以来，陆续发布了多个版本的大语言
模型，如 GPT-2（2019 年）、GPT-3（2020 年）、ChatGPT（2022
年）、GPT-4（2023 年），OpenAI 的大语言模型推动了自然语言

处理（NLP）技术的边界，激发了新的商业模式和应用，如自动化内容创作、聊天机器人、个性化推荐系统、辅助教学、教育资源生成等。OpenAI 团队的工作不仅推动了人工智能技术的进步，而且促进了多个行业的变革。

上述开发成果展示了顶尖 AI 人才对全球行业发展的深远影响。

2. 人工智能行业人才的配置与技能要求

（1）人工智能行业人才配置

人工智能行业根据岗位类型可分为高级管理类岗位、科技类岗位、职能类岗位和销售 / 市场类岗位。其中，科技类岗位包括产品经理、项目经理、创新研发岗位、算法设计岗位、应用开发岗位和实用技能岗位。而我们主要关注科技类岗位中人工智能行业的核心岗位——创新研发岗位、算法设计岗位、应用开发岗位和实用技能岗位。人工智能核心岗位的层次和目标如图 2-15 所示。

创新研发岗位致力于推动人工智能前沿技术与核心理论的创新与突破，主要指行业顶尖人才；算法设计岗位主要进行人工智能算法和技术研究，将人工智能算法前沿理论与实际算法模型开发相结合；应用开发岗位将人工智能算法 / 技术与实际需求结合，实现相关应用的工程化落地，具体包括软件开发工程师、系统研发工程师等；实用技能岗位主要负责保障人工智能相关应用的稳定运行，包括测试工程师、运维工程师等。

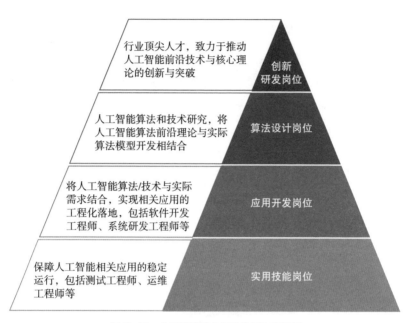

图 2-15　人工智能核心岗位的层次和目标

（2）人工智能行业人才的核心技能

根据立足于人工智能产业技术架构及人工智能企业实际用人需求的《人工智能产业人才岗位能力要求》，围绕物联网、智能芯片、机器学习、深度学习、智能语音、自然语言处理、计算机视觉、知识图谱、服务机器人 9 个技术方向，列举了人工智能产业人才岗位的核心技能要求，见表 2-2。

表 2-2　人工智能产业人才岗位的核心技能要求

岗位	核心技能要求
算法研发工程师	自然语言处理、计算机视觉、机器学习、深度学习、服务机器人、智能语音等

续表

岗位	核心技能要求
架构师	自然语言处理、计算机视觉、机器学习、物联网、智能芯片等
开发工程师	知识图谱、服务机器人、智能语音、自然语言处理、计算机视觉、机器学习、深度学习、物联网、智能芯片等
实施工程师	自然语言处理、计算机视觉、机器学习、物联网等
测试工程师	服务机器人、自然语言处理、计算机视觉、机器学习、物联网、智能芯片等
数据标注工程师	知识图谱、自然语言处理等
数据处理工程师	智能语音、计算机视觉等

总之，人工智能产业的人才需求涵盖多个领域，人工智能又涉及从算法开发到实际应用的多个方面，技能要求也因不同的岗位而有所差异，但都需要跨学科的综合素养。

（3）人工智能产业人才能力要素

《人工智能产业人才岗位能力要求》指出，人工智能产业人才应该具备的能力要素分为综合能力、专业知识、技术技能及工程实践能力。人工智能产业人才能力要素见表 2-3。

表 2-3　人工智能产业人才能力要素

能力要素	能力定义	能力要求
综合能力	人工智能产业人才应具备的基础能力	分析并推动问题解决的能力、需求分析与识别能力、基本的数据分析与处理能力、准确理解业务场景能力、从具体问题中抽象出通用解决方案的能力等

续表

能力要素	能力定义	能力要求
专业知识	为完成工作任务应掌握的专业背景知识与理论基础	计算机网络基础、数据结构与算法基础、机器学习基础、深度学习基础等
技术技能	应掌握熟练使用工具和技术的能力	熟悉各类常用编程语言、前后端开发能力、移动端开发能力、并行计算与分布式计算能力等
工程实践能力	在实际工程与项目开发中应具备的能力	项目开发经验、根据应用场景快速选择相应算法模型的能力、大型复杂系统的设计与架构能力、算法性能调优能力等

（4）人工智能行业人才的软技能要求

《人工智能产业人才岗位能力要求》中的四项能力主要从专业素养和知识技能等方面讲述。此外，人工智能行业也对软技能提出了高要求，因为做好一个项目不仅依赖技术能力，而且需要团队成员具备协作、沟通和创新等能力。人工智能行业人才的软技能要求如图 2-16 所示。

1）创新思维。具备创新思维，能够提出改进和优化现有流程的建议，也能够提出人工智能新技术或创造新的人工智能产品和应用。

2）持续学习和更新知识的能力。人工智能技术是一个不断发展和迭代的领域，需要不断学习和更新知识，保持自己的竞争力和专业性。

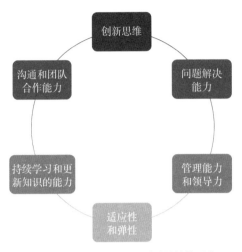

图 2-16　人工智能行业人才的软技能要求

3）沟通和团队合作能力。能清晰地表达想法和观点，能将复杂的技术概念以简明的方式传达给非技术人员；有良好的团队精神，能够分享知识和经验，促进团队协同工作。

4）问题解决能力。具备解决复杂问题的能力，能够在面对新挑战时灵活应对。善于分析问题的根本原因，并提出有效的解决方案。

5）管理能力和领导力。能够高效管理项目和团队，包括规划、执行和监控；能够激励团队，引导团队克服困难，实现目标。

6）适应性和弹性。具有在快速变化环境中的适应能力，能够灵活调整工作方式和战略。

拓展阅读

中国信息通信研究院知识产权与创新发展中心发布的《中国人工智能产业创新人才竞争力报告（2023年）》显示，目前国内百度、腾讯、华为的人工智能创新人才竞争力位居前三。此外，排名第四到第十的企事业单位依次是商汤、平安、国家电网、阿里巴巴、OPPO、清华大学和浙江大学。其中企业占比超过70%，显示了企业在我国人工智能领域的研发和创新中扮演领导角色。我国人工智能产业创新人才竞争力排名前十如图 2-17 所示。

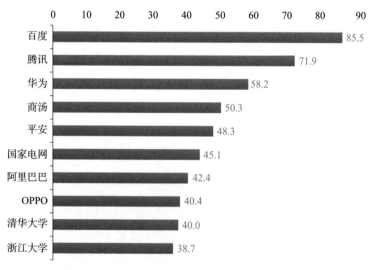

图 2-17 我国人工智能产业创新人才竞争力排名前十

3. 人工智能行业人才的分类及其职责与工作内容

（1）算法工程师的职责与工作内容

算法工程师在人工智能领域扮演关键角色，他们的职责和工作内容主要涉及研发和优化算法、模型构建和验证等方面。算法工程师的主要职责与工作内容如图 2-18 所示。

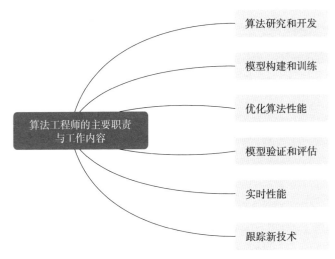

算法研究和开发

模型构建和训练

优化算法性能

算法工程师的主要职责与工作内容

模型验证和评估

实时性能

跟踪新技术

图 2-18　算法工程师的主要职责与工作内容

总之，算法工程师在理论和实践中具备广泛的技能，涵盖数学、计算机科学、机器学习、深度学习等多个领域。他们在解决实际问题时需要灵活运用这些技能，同时与其他团队成员密切协作，以确保开发的算法和模型能够满足业务需求并在实际应用中取得良好的效果。

（2）数据科学家的职责与工作内容

数据科学家是负责从大量数据中提取信息的专业人员。他们的职责和工作内容涵盖数据清洗、特征工程、建模和分析等多个方面。数据科学家的主要职责与工作内容如图 2-19 所示。

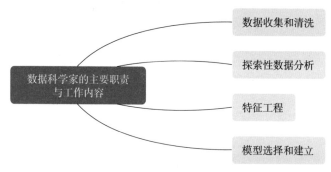

图 2-19　数据科学家的主要职责与工作内容

总之，数据科学家需要具备统计学、机器学习、编程、领域知识等多方面的技能，以便在处理实际问题时能全面应对。他们的工作涉及整个数据科学生命周期，从问题定义到模型建立和最终结果解释。同时，与业务团队和其他相关团队的紧密合作也是数据科学家工作中的重要组成部分。

（3）人工智能产品经理的职责与工作内容

人工智能产品经理负责管理和领导人工智能产品的开发和交付过程。他们需要与各个团队紧密合作，从产品规划到需求分析和用户体验设计等方面，确保人工智能产品成功开发和上线。人工智能产品经理的主要职责与工作内容如图 2-20 所示。

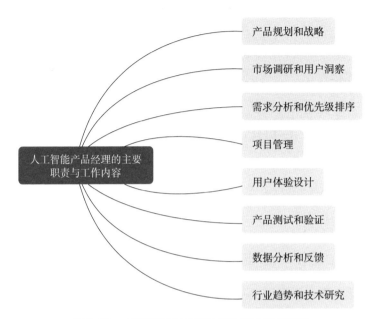

图 2-20　人工智能产品经理的主要职责与工作内容

　　人工智能产品经理需要具备产品管理、项目管理、用户体验设计等多方面的技能。他们需要与跨部门团队合作，理解业务需求和技术挑战，以确保人工智能产品成功满足用户和市场需求。

第5课

人工智能职业的培养与发展

1. 高校人工智能专业的培养模式与课程体系

党中央、国务院高度重视人工智能发展。党的十九大报告强调，要"推动互联网、大数据、人工智能和实体经济深度融合"。教育部印发的《高等学校人工智能创新行动计划》指明高校是国家科技创新体系的重要组成部分。面对新一代人工智能发展的重大机遇，高校应抓住高质量人才培养这个核心点，通过培养创新型人才不断提升国家的自主创新水平，为我国人工智能发展提供科技和人才支撑，推动我国占据人工智能科技制高点。

（1）高校有哪些人工智能专业方向

根据 2023 年 4 月教育部公布的普通高等学校本科专业备案和审批结果，全国共有 498 所高校成功申报人工智能本科专业。第一批有 35 所高校，于 2018 年成功申报人工智能专业；第二批有 180 所高校，于 2019 年成功申报人工智能专业；第三批有 130 所高校，于 2020 年成功申报人工智能本科专业；第四批有 95 所高校，于 2021 年成功申报人工智能本科专业，为人工智能研究型、应用型人才培养奠定了基础。表 2-4 列出了当前开设人工智能本科专业的部分高校及专业方向情况。

表 2-4　高校申报人工智能本科专业情况

学校名称	专业名称	开设年份	学位授予门类	学制
上海交通大学	人工智能	2018 年	工学	四年
南京大学				
哈尔滨工业大学				
吉林大学				
同济大学				
西安交通大学				
兰州大学				
东北大学				
西北工业大学				
中国人民大学		2019 年		
北京邮电大学				
复旦大学				
华中科技大学				
武汉大学				
清华大学		2020 年		
中国科学技术大学				

　　人工智能专业是学习人工智能领域知识、技术、方法及相关应用和工具的专业。随着科技发展，人工智能在各个领域的应用也越

来越广泛，对人工智能专业人才的需求量越来越大，以下是部分人工智能专业的具体方向。

1）机器学习。该方向侧重于研究机器学习的理论与算法，包括监督学习、无监督学习、强化学习等，可应用于数据挖掘、模式识别、预测分析等领域。

2）深度学习与神经网络。涵盖深度学习和神经网络模型的理论与应用，包括卷积神经网络、循环神经网络等，在图像识别、语音识别、自然语言处理等方面有广泛应用。

3）自然语言处理。致力于学习如何促使计算机能够理解、处理和生成自然语言，包括文本分类、语义分析、机器翻译等技术。

4）计算机视觉。研究如何促使计算机理解和解释数字图像或视频内容，包括目标检测、图像分割、三维重建等技术。

5）智能系统。关注设计和构建能模仿人类智能行为的系统，包括智能机器人、智能决策系统、智能游戏等。

（2）人工智能专业学习内容

人工智能作为一门新兴而又充满潜力的技术，逐渐深入人们的日常生活和各行各业。同时，作为一种模拟人类智能的技术，人工智能涉及多个学科领域，需要掌握一系列知识和技能。

在人工智能专业，学生将接触计算机科学、数学、统计学、机器学习、深度学习、自然语言处理、计算机视觉等多个学科的交叉内容，如图 2-21 所示。通过对这些专业知识的综合学习，学生应能全面理解和应用人工智能技术，同时能学以致用。

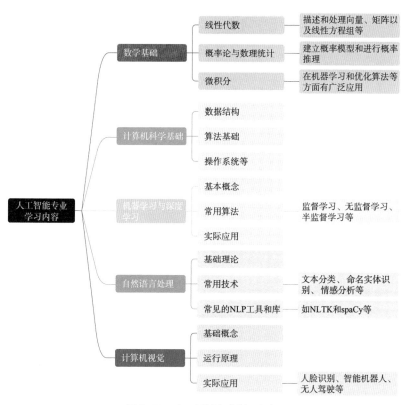

图2-21　人工智能专业学习内容

　　以清华大学和浙江大学人工智能专业培养方案为例，人工智能专业要学习的内容包括从基础理论、专业理论到实践的多门课程。

　　清华大学人工智能专业的培养目标是培养全面掌握人工智能基础理论与前沿应用知识，拥有强大的科研实践能力；具有良好的科学素养、创新精神、职业道德和社会责任感；具备能够比肩甚至超越世界一流高校本科生的竞争力；在人工智能领域研究中领跑国际拔尖创新的人工智能领域人才。清华大学基于培养目标设置了相关课程，见表2-5。

表2-5　清华大学人工智能专业课程设置

所属教育	课程分类	课程名称
校级通识教育	思想政治理论课	思想道德修养与法律基础、毛泽东思想和中国特色社会主义理论体系概论、习近平新时代中国特色社会主义思想概论等
	体育	游泳等
	外语	英语综合训练、英语阅读写作、英语听说交流等
专业教育	基础课程	数学（如线性代数、概率与统计等）、普通物理
	专业主修课程	人工智能入门、人工智能应用数学、人工智能原理与技术、算法设计、机器学习、深度学习、计算机视觉、数据挖掘、自然语言处理、人工智能交叉项目（AI+X）、人工智能研究实践

在专业主修课程中，人工智能入门介绍人工智能的基本概念、发展历程、应用场景等；人工智能应用数学介绍人工智能专业相关的数学和统计学知识；人工智能原理与技术介绍各领域的基本原理与技术等；算法设计介绍各种常用的算法设计策略等；机器学习和深度学习介绍机器学习和深度学习的相关概念、发展历史和各种模型等；计算机视觉介绍计算机视觉的概念与应用等；数据挖掘介绍各种数据挖掘的基本概念、方法、算法等；自然语言处理介绍自然语言处理的基础知识、经典技术及应用等；人工智能交叉项目（AI+X）通过介绍人工智能与其他学科前沿的结合，深化学生对人

工智能的理解，鼓励学生将人工智能与其他学科相结合；人工智能研究实践推动学生综合运用技术、技能进行工程实践。

　　浙江大学人工智能专业的培养目标是培养具备厚基础、高素养、深钻研、宽视野，有望在未来成为人工智能领域世界一流学科领跑者和战略科学家的高素质、创新型人才。浙江大学基于培养目标设置了相关课程，见表 2-6。

表 2-6　浙江大学人工智能专业课程设置

所属教育	课程分类	课程名称
通识课程教育	思政类	思想道德修养与法律基础、毛泽东思想和中国特色社会主义理论体系概论、习近平新时代中国特色社会主义思想概论等
	军体类	体育、军训等
	外语类	英语口语、英语写作、托福阅读等
	计算机类	程序设计与算法基础
	自然科学通识类	线性代数、数学分析、普通物理、概率论等
专业课程教育	基础课程	网络空间安全导论、离散数学理论基础、人工智能基础、计算机逻辑设计基础等
	必修课程	认知神经科学导论、机器学习、人工智能伦理与安全、人工智能实践、计算机视觉导论、设计认知与设计智能、人工智能芯片与系统、自然语言处理导论等
	选修课程	数据库系统、计算机网络、编译原理等

　　与清华大学略有不同，浙江大学在专业必修课程中加入了认知神经科学导论、人工智能伦理与安全、设计认知与设计智能、人工

智能芯片与系统。认知神经科学导论介绍了认知神经科学的相关知识、基础理论等；人工智能伦理与安全介绍了人工智能的伦理准则和安全法规的背景等；设计认知与设计智能介绍了设计的认知与思维特征和相关人工智能理论与技术等；人工智能芯片与系统介绍了人工智能芯片的基础知识和关键技术等。

总体来看，人工智能专业课程体系已趋于完善，涵盖多个关键领域，使学生能够获得丰富的理论知识和实践技能。通过科学系统的培养，人工智能专业培养出的高等人才将在科技发展和社会建设中发挥关键作用。

（3）人工智能专业学生的培养方式

百度联合浙江大学中国科教战略研究院发布的《中国人工智能人才培养白皮书》指出，高校对人工智能专业学生的培养方式有如下特征：

一是人工智能人才培养目标聚焦基础理论与方法创新。这一模式旨在培养具备深厚理论基础和创新能力，"高层次、复合型、国际化"的高水平人工智能专业人才。学生将深入学习人工智能领域的核心理论，未来能够通过创新型方法解决人工智能领域的核心问题，并推动该领域持续发展。

二是普遍采取多种相关学科交叉联合的人才培养方式。这种跨学科的培养模式旨在培养具备广泛知识背景和综合技能的人工智能专业人才。学生将接受来自不同学科的全方位教育，从而拓宽视野，提高跨领域沟通能力，并提高解决实际问题的能力。此外，学生将获得在不同学科之间建立桥梁的能力，促进跨界合作和创新。这种综合性培养模式使学生能够更好地理解人工智能的复杂性，更有效地应对挑战。通过跨学科的学习和研究，人工智能人才将全面理解和应用人工智能技术，为各行各业的发展做出更大的贡献。

三是多数实行人工智能领域校内外导师联合指导模式。这一模式通过校内学者与业界专业人士的合作，确保学生在理论和实践上都得到全面指导。校内导师提供学术指导，传授基础理论知识。校外导师则贡献实际经验和行业远见，使学生能够更好地将理论知识应用于实践。这种合作模式不仅拓宽了学生的视野，而且提供了更丰富的资源和机会，培养出更具创新能力和实践能力的人才，有助于满足人工智能领域对综合素质人才的需求。

新一代人工智能与教育、产业深度融合，能够持续推动教育教学流程重组和模式再塑。高校对人工智能专业学生的培养方式更注重个性化教学设计，主要包括三种方式，如图 2-22 所示。

1）根据学生的兴趣、学科背景和学习速度进行调整，确保每个学生都能在适合自己的学习节奏下取得良好的学术成果。通过这样的定制化教育，提高学生对人工智能学科的兴趣，进一步激发其学习动力，优化学习体验感受。

2）通过引入先进的教育科技工具，教师能够更灵活地设计和展示教学内容，提供互动性强、生动有趣的课堂体验，实现教师教学与学生自主学习的统一。

3）强调人工智能情景式教学设计，推动教学环境深刻变革。

这种情景式教学方法不仅能使学生更深入地了解人工智能领域，而且能培养学生的实际操作技能，为他们的职业发展奠定坚实基础。

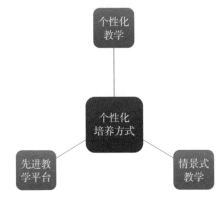

图2-22　高校人工智能专业学生个性化培养方式

2. 职业院校人工智能专业人才培养

职业院校（分为初等职业学校、中等职业学校和高等职业学院）采取提供实用技能和知识为目标的教育方式，以培养熟练技术人才为主。职业教育与社会经济发展息息相关。2022年8月19日，习近平主席在世界职业技术教育发展大会的致贺信中指出，职业教育与经济社会发展紧密相连，对促进就业创业、助力经济社会发展、增进人民福祉具有重要意义。一方面，职业教育是经济高质量发展的逻辑源头，需要满足中国特色社会主义事业新发展的人才需要。另一方面，社会的新需求促进职业教育稳步发展，不断完善现代职业教育体系、提升职业教育适应性。

人工智能作为一种前沿技术更需要与职业教育充分结合。2019

年，教育部发布《普通高等学校高等职业教育（专科）专业设置管理办法》，通过研究确定了包括人工智能技术服务在内的9个增补专业，旨在为人工智能产业输送实用人才，同时还能根据市场反应展开相关学科人才培养的前期探索，并依托原有专业，在与相关企业合作等途径上积极发展。

（1）职业院校有哪些人工智能方向

根据教育部公布的名单，截至2023年，全国约有513所高职院校成功备案人工智能技术应用专业，学制涵盖2年、3年和5年。该专业下设多个方向，包括工业机器人技术、物联网应用技术、大数据技术、虚拟现实技术、建筑智能化工程技术及智能交通技术应用等。表2-7为部分高职院校人工智能技术应用专业示例。

表2-7　部分高职院校人工智能技术应用专业示例

院校	专业	就业方向	学制
广东工程职业技术学院	人工智能技术应用	人工智能数据服务、人工智能软件测试、人工智能自动控制系统集成及技术改造、人工智能产品营销及技术服务	3年
深圳职业技术大学		数据科学、机器学习、数据保护、人工智能系统运维等	
无锡职业技术学院		人工智能应用产品开发与测试、数据处理、系统运维、产品营销、技术支持	
上海科学技术职业学院		AI数据标注专员、数据模型训练专员、AI软件测试工程师、人工智能技术支持工程师、智能产品实施工程师等	
北京信息职业技术学院		人工智能产品设计开发、模型训练、交付运维、技术支持、运营推广等	

广东某职业院校人工智能学院相关专业介绍如下：工业机器人技术应用专业主要面向服务机器人、医疗电子等 IT 设备，从事智能电子产品的设计、研发、生产及监管；大数据技术应用专业主要培养大数据工程技术人员、大数据运维工程师、大数据可视化工程师、大数据分析工程师和大数据开发工程师等。

深圳职业技术大学于 2019 年成立人工智能学院，后续成功备案人工智能技术应用专业。根据 2022 年发布在招生信息网上的内容可知，该专业旨在培养具备良好人文素养、职业道德和创新意识的学生，强调精益求精的工匠精神、较强的就业能力和可持续发展的能力。培养目标是使学生成长为"掌握本专业知识和技术技能，面向人工智能及大数据、软件开发与测试应用领域，能够从事人工智能系统设计、开发和维护等工作的复合式创新型高素质技术技能人才"。该专业面向多领域、多行业和多部门，培养的人才符合金融、医疗、制造等行业的人工智能工程师、人工智能算法工程师、人工智能运维工程师、人工智能应用开发工程师和大数据分析师等岗位的需求。

随着人工智能相关应用落地，人工智能领域不仅需要高尖端的技术创新型、产业研发型人才，而且需要大量具有实践能力的实用技术型人才。职业院校既要适应人工智能时代社会产业结构的新需求，又要及时引进新技术，以保证技术学习的时效性和实用性。职业教育战线要以党的二十大精神为指引，武装头脑，指导实践，推动工作。职业院校要坚持职业教育产教融合的发展方向，坚持发扬斗争精神，扎实做好职业教育与重大产业的战略匹配工作。

（2）职业院校人工智能方向的学习内容

课程和教学内容是职业院校培养人才的核心基础。由于人工智能技术应用领域十分广泛，相应课程体系也因此庞大且繁杂。基于 CDIO（conceive 构思、design 设计、implement 实现、operate 运作）工程教育理念，有学者系统提出支撑人工智能技术应用专业技能学习的课程链路，如图 2-23 所示[①]。另外，还有学者利用 ROST-CM6（ROST content mining，ROST 虚拟学习团队内容挖掘系统）分析工具对首批开设该专业的 119 所学校设置的课程进行高频词提

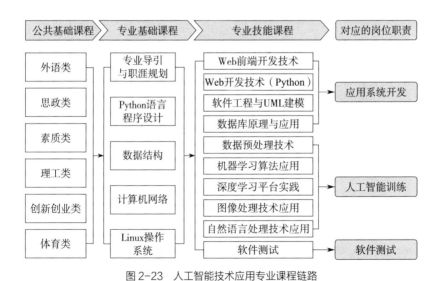

图 2-23　人工智能技术应用专业课程链路

---

① 孙璐，曹瑞霞. 高职院校人工智能技术应用专业培养方案研究与制订 [J] . 计算机教育，2022（1）：6-11.

取、网络语义分析后，按照学科逻辑和学习顺序将整体课程大致划分出三个层次：计算机基础课程、核心技能课程和技术应用课程。本专业学生除学习完整的计算机基础课程外，更要在此基础上学习数据处理、图像学习等方面的应用课程，如图 2-24 所示[①]。

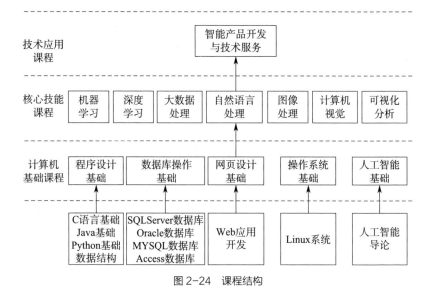

图 2-24　课程结构

不同职业院校根据各自的培养方向，在课程设置上存在一些差异，例如，深圳职业技术大学人工智能技术应用专业主干课程包括 Java 程序设计基础、面向对象程序设计、数据结构、数据库管理与应用、网页设计与制作技术、Web 应用开发、移动技术应用开发、人工神经网络技术、智能视觉技术、智能数据分析与应用、机

① 罗曼，陈莹.高职人工智能技术应用专业人才培养方案研究：基于 ROST-CM6 技术的 119 所高职院校文本分析［J］.职业教育，2023，22（15）：22-26.

器学习实战、软件测试技术、H5 跨平台应用开发、智能算法容器化部署实训等。

面对人工智能技术的不断发展，职业院校也需要根据产业、职业和岗位的变化及时调整专业设置，不断改进课程内容以适应行业需求。同时，在产教融合方面，部分职业院校还会采取校企合作模式，建设相关联合实验室或研发中心，快速推进科研成果转化落地；部分职业院校则通过实践课程体系的建设、软件平台的搭建提高学生实训能力。

此外，在日常教学中需宣讲人工智能技术的发展态势和趋势，传达国家相关法律规范和人工智能技术应用的道德准则，引导学生正确认识和应用人工智能技术，确保其服务于个人的发展和进步。因此，除学习知识和技能外，学生更应密切关注国家政策变化，重视人工智能的伦理风险并承担一定社会责任，走在正确的前进道路上。

（3）职业院校培养人工智能人才的方式

职业院校在培养人工智能人才方面采用了多种策略和方法，以满足迅速发展的人工智能领域对大规模高质量人才的需求。这些方法包括但不限于专业性课程、实践性课程学习和技术实训，旨在培养学生实际操作技能和解决问题的能力。近年来，已有不少职业院校建立人工智能学院、人工智能相关专业，或者联合企业共同建立人工智能联盟、创新培训基地，见表 2-8。

为加强人工智能领域的人才培养，职业院校不断探索新的教学

表 2-8　职业院校培养人才的方式示例

院校	培养方式
重庆电信职业学院	学院和中国电子学会印制电路委员会、重庆罗博泰尔机器人研究院有限公司、重庆赛菱斯机电设备有限公司等行业和企业开展深入合作，建设和实践"2-2-3"校企合作
重庆科创职业学院	人工智能研究所设有人工智能培训中心、无人机技术中心和电子电气培训中心，拥有科大讯飞和博大光通的训练基地，坚持"以结果为导向"的教育教学理念
苏州工业园区职业技术学院	创办市场导向的人工智能学院，集聚生产、教育和研究

模式和课程内容。一方面，院校积极研究"人工智能+X"的复合人才培养模式，以满足不同领域对人工智能应用的需求；另一方面，院校加快人工智能领域科技成果和资源向教育教学转化，推动人工智能重要方向教材和在线开放课程的建设，确保教学内容与最新科技发展保持同步。除具备与时俱进的人才培养目标、符合产业需求的课程培养方案外，部分职业院校还具备高质量的教师团队，有相关专业背景、多年海外留学经历的专业教师能辅以学生基础性课程学习，有多年企业项目经历、对人工智能领域有独特见解的资深教师能辅以学生实践性课程学习等。

此外，不少职业院校正努力采取优化人才培养的新措施。例如，针对中职学校人工智能专业的人才培养目标定位不准确、专业课程内容整合不足、校企融合机制不健全等问题，南宁某职业院校开始构建基于"岗课赛证"四位一体的人工智能应用专业群人才培

养模式 [1]。该模式以优质专业——计算机应用为核心、以计算机网络技术为骨干、以物联网技术为支撑，建设人工智能应用专业群。同时成立由学校和企业共同参与运行的人工智能专业群建设协调委员会，便于统筹安排，增强企业参与产教融合的积极性，协同打造优质教学团队。

3. 人工智能行业的在职培训与终身学习

（1）人工智能从业者在职培训

对已在人工智能领域工作的专业人士，或者希望跨行业从事人工智能工作的人员来说，在职培训提供了极为重要的学习渠道。首先，人工智能领域发展迅猛，专业研究者需要保持对最新研究和发展趋势的关注。随着新的技术、算法和工具层出不穷，在职培训可以为产业员工提供学习机会，使他们能够适应新技术并不断更新自身技能。其次，实际项目经验对深化理论知识、解决实际问题至关重要。一些在职培训项目可能由业内专家或者资深从业者指导，初入人工智能领域的从业者能够从他们的见解中吸取宝贵的实践经验。通过与专业人士的互动，可以更好地理解人工智能应用于实际场景时的挑战，以及思考相应的解决方案。最后，良好的社交网络能促进创新和合作。通过在职培训，还可以建立供专业人士互动、交流与学习的平台，为他们提供丰富的社交网络，促进行业内的合

---

[1]　黄永明，王玲玲. 提质培优背景下"岗课赛证"四位一体校企双元育人模式研究与实践：以人工智能应用专业群为例 [J]. 广西教育，2023（32）：32-37.

作与共享。因此，在职培训不仅是知识层面更新的途径，而且是一个全面提升职业能力和深化行业认知的机会。

目前，常见的在职培训方式有高校和研究机构提供的非全日制教育或在线培训课程、在线教育平台、行业协会和组织举办的研讨会或讲座、企业内部培训等。例如，许多高校在"人工智能+X"方向开设在职课程培训班项目；由上海市徐汇区人力资源和社会保障局主办、上海仪电人工智能创新院承办徐汇区专业技术人才知识更新工程项目；在北京召开的 2024 首届人工智能应用大会，就人工智能的最新研究成果、行业应用案例等进行深入讨论。因此，根据个人目标、实际能力和时间安排，相关从业人员可以选择合适的方式深入学习人工智能技术，紧跟人工智能发展的步伐。

（2）人工智能从业者需要终身学习

终身学习对人工智能从业者来说至关重要。人工智能技术上的不断演进和创新意味着从业者只有不断更新知识、掌握新技术，跟上最新的技术阶段，才能在人工智能行业中保持竞争力。

人工智能从业者必须具备终身学习素养。人工智能技术迅速更迭将使部分知识或技术很快过时，而新的算法、框架和应用将不断涌现。这意味着人工智能从业者必须保持敏锐的观察力和学习能力，及时了解并掌握新兴技术方法。同时，人工智能的跨学科性质也要求从业者具备广泛的学科知识。在终身学习的道路上，人工智能从业者不断涉猎其他相关学科的基础知识后，可以拓宽自己的认知，更好地结合产业逻辑，以全面的视角理解和应用 AI。

人工智能从业者需要不断提高解决问题和创新实践的能力，以应对未来可能存在的各种复杂情况与挑战。此外，人工智能从业者还需要思考人工智能领域潜在的伦理和法律问题。一些敏感的议题，如隐私保护、算法歧视、知识产权保护、责任归属等，必须考虑在内，并对自身行为进行规范。给予这方面足够的关注后，将有助于确保人工智能技术的应用在合乎道德和法律框架内进行。

（3）人工智能赋能终身学习

人工智能的发展为终身学习带来前所未有的机遇。上海开放大学校长贾炜在以"AI引领开放教育和终身学习新时代"为主题的2022年世界人工智能大会开放教育和终身学习论坛上说道，"上海开放大学逐步形成了包括智慧学习空间、智能助教、开放在线学习、教学评价的四类人工智能应用场景，探索了一条切实可行的'AI+开放教育'的实践之路"。

在数字化教育浪潮下，人工智能技术能带来大规模个性化的学习模式、凸显智能教育特色、催生新的教育理念和教学方式。首先，人工智能推动"大规模的标准化教育"转向"大规模的个性化学习"。利用可视化技术生成每一个学生的学习画像，使教师或学生本人可以根据"人工智能教师"实时了解知识点的掌握程度与课程完成度，从而为教育赋能、辅助实现个性化教学模式。其次，人工智能突破时空限制，凸显智能教育的个性和特色。以数字化资源、数字化学习平台、知识图谱等为主的新工具能使人们充分利用碎片化时间，随时随地接触到来自世界各地的丰富资源。人们还可以在数字技术优化、智能教学方法创新等智能化学习活动中培养数字化意识、发展数字化技能。因此，随着人工智能技术的融入、数字化教育的快速发展，终身学习变得切实可行。

数字*产业*篇

　　本篇详细介绍在数字经济浪潮中，人工智能技术如何助力工业生产和民生领域的创新发展。从国之重器的崛起到创新驱动的探索，再到跨界融合的新趋势，人工智能产业及其应用正成为国家发展的重要引擎。了解这些应用案例，将深入理解人工智能技术的潜力和价值，提升自身的人工智能素养，为未来的职业发展做好准备。

第6课

人工智能与国家重点项目

2017 年国务院发布的《新一代人工智能发展规划》指出，人工智能的迅速发展将深刻改变人类社会生活、改变世界。因此，需要把人工智能发展放在国家战略层面系统布局、主动谋划，打造竞争新优势，开拓发展新空间，有效保障国家安全。

2023 年国家扶持的十项重点任务中，人工智能为未来科技发展方向之一，同时为新能源、新材料、节能环保、信息技术、高端装备制造等领域提供技术支持。预计 2030 年人工智能核心产业规模将超 1 万亿元，带动产值超 10 万亿元。

1. 人工智能与超级计算

随着超级计算机技术和人工智能技术的不断发展，在超级计算领域，人工智能可被用于解决复杂的科学问题，如天气预报、气候变化研究、基因测序等。

超级计算可以为人工智能提供强大的计算能力和数据处理能

力，而人工智能可以通过算法和模型提高超级计算的效率和精度。通过使用人工智能技术，可以实现自动化计算和优化任务的流程，提高计算效率和精度，推动超级计算科学研究的发展。

此外，人工智能还可被用于优化超级计算的系统和架构。例如，可以使用人工智能技术自动调度计算任务、管理计算资源和优化系统性能，从而提高超级计算系统的效率和可靠性。

◎ 案例分析

中国"天河"系列超级计算机——天河星逸

2023 年超算创新应用大会上，国家超算广州中心发布了新一代国产超级计算系统天河星逸。天河星逸的通用性能相比原有系统（天河 2A），在通用算力上提升了 5 倍，也就是说，天河星逸的峰值算力应该达到了约 600 PFLOPS（每秒 60 亿亿次）。天河星逸超级计算机如图 3-1 所示。

图 3-1　天河星逸超级计算机

目前，中国"天河"系列超级计算机已经在生物医药、基因技术、航空航天、新能源开发、气候气象、材料研发、海洋环境模拟分析、地震模拟、航空遥感数据处理、新材料、新能源、脑科学、天文等领域发挥重要作用。

案例分析

世界首个人工智能地震监测系统——"智能地动"

人工智能和超级计算在气象预测和地震模拟等领域的应用中，展现出巨大的潜力和价值。

首先，人工智能技术通过机器学习和深度学习算法，从本区域气象或地震历史数据中提取有用信息，并建立更精确的预测模型。通过这些算法能够处理海量数据，并识别出复杂的模式和趋势，从而大大提高了预测的准确性。这为气象和地震等领域的预测提供了更可靠的数据支持。

其次，超级计算技术为这些预测模型提供了强大的计算能力。通过超级计算机，可以快速进行大规模的数值模拟和计算，为复杂系统的预测提供更精确的数据。这种计算能力的提升，进一步提高了预测准确性和可靠性。

最后，人工智能和超级计算的结合，实现了实时数据处理和预警功能。这种结合不仅提高了预测的准确性，而且为灾害应对提供了更快速、更有效的手段。实时数据处理和预警为灾害应对争取了宝贵的时间，有助于减少灾害损失和保护人民生命财产安全。

　　以中国科学技术大学与中国地震局合作推出的世界首个人工智能地震监测系统——"智能地动"监测系统为例，如图 3-2 所示。该系统可在 1 秒内精确估算地震震源机制参数，为地震预警和灾害应对提供了重要支持。这种实时、快速的分

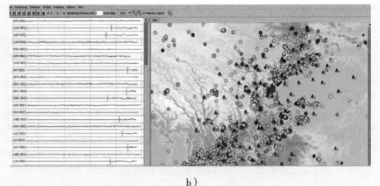

图 3-2　"智能地动"监测系统

析方法有助于更早地发出预警，减少灾害损失。

　　总之，人工智能技术和超级计算技术的结合，为气象预测、地震模拟等领域带来了革命性变化。随着技术的发展，相信这种结合将在更多领域发挥更大的作用，为社会进步注入强大动力。

🔆 知识链接

　　（1）超级计算是计算数学的重要概念，指超级计算机及有效应用的总称。超级计算机主要特点包含两个方面：极大的数据存储容量和极快的数据处理速度。

　　（2）中国的超级计算机包括天河、神威和曙光等系列，应用于不同领域。

　　（3）机器学习。通过计算机程序对数据进行学习和分析，从而能够自动发现数据中的规律和模式，并做出预测和决策。机器学习的主要应用包括分类、聚类、回归和决策树等。

　　（4）深度学习。利用深度神经网络解决特征表达问题。深度神经网络包含多个隐含层的神经网络结构。为提高深层神经网络的训练效果，人们对神经元的连接方法及激活函数等方面进行调整。深度学习主要应用于文字识别、人脸技术、语义分析、智能监控等领域。

2. 人工智能与高能物理研究

人工智能与高能物理研究的政策依据主要包括国家科技发展规划、创新驱动发展战略、学科交叉创新计划和国际合作计划。这些政策明确提出要加强人工智能技术的研究和应用，同时也要加强基础科学研究，特别是高能物理研究的发展。鼓励学科交叉和融合，推动人工智能与高能物理研究结合，以促进科技创新和人才培养。此外，政府积极推动国际合作，加强与国际先进科研机构的合作和交流，提高中国在该领域的国际地位和影响力。这些政策将为人工智能和高能物理研究的发展提供重要支持和保障。

案例分析

人工智能为粒子物理学研究带来更多科技突破和创新成果

人工智能如今在粒子物理学实验中展现出越来越大的影响力。当面对大量数据时，人工智能技术能迅速、准确地处理和分析，从而提取出有价值的信息，极大提升了科学发现的效率和精确度。例如，在大型强子对撞机实验中，科学家利用深度学习算法自动筛选和分析数据，取得了令人瞩目的成果，如图 3-3 所示。

通过训练神经网络，人工智能可以快速、准确地识别和追踪粒子的轨迹，提高实验的精度和效率，以及预测和模拟实验结果等。例如，在 CMS 实验中，科学家们利用深度学习技术自动识别和追踪粒子轨迹，取得了一系列重要成果，包括发现希格斯玻色子，如图3-4所示，观察到双光子湮灭产生新粒子的迹象等。这些成果不仅加深了我们对宇宙的理解，而且为未来的粒子物理学研究提供了新的方向和思路。

图3-3　大型强子对撞机

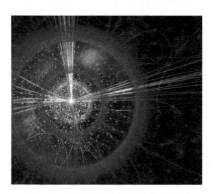

图3-4　希格斯玻色子的艺术想象图

　　人工智能在粒子物理学实验中的应用，加速了科学发现的进程。它不仅提高了数据处理和分析的效率，而且有助于科学家们更深入地洞察实验现象，甚至发现新的物理现象。随着人工智能技术的不断发展，我们有理由相信，人工智能将会带来更多的科技突破和创新成果，为粒子物理学的发展注入新的活力。

知识链接

（1）高能物理学是研究高能物理现象和规律的学科，涵盖核物理、粒子物理、宇宙学、高能天体物理等众多领域。其中，粒子物理学是高能物理学的重要分支，研究范围包括粒子的加速和撞击、轻子和夸克物理等。高能物理学在能源、材料、信息等领域有广泛应用，例如，用于研究核反应堆的设计和安全性，制备高能材料（如高能加速器、粒子束武器等），以及研究宇宙学和黑洞等宇宙现象。

（2）欧洲大型强子对撞机是世界上最大、能量最高的粒子加速器，来自大约80个国家的7 000名科学家和工程师参与设计，由40个国家建造。是一种将质子加速对撞的高能物理设备。它是一个圆形加速器，深埋于地下100米，环状隧道长27千米，坐落于欧洲核子研究中心（又名欧洲粒子物理实验室），横跨法国和瑞士边境。

（3）CMS实验是粒子物理学中的一个重要实验，旨在研究宇宙的基本粒子和力。该实验在欧洲核子研究中心的大型强子对撞机中进行。CMS实验的目的是寻找新粒子、揭示物质和反物质的不对称性以及研究宇宙的起源和演化。

3. 人工智能与空间探索

中国空间探索项目始于20世纪50年代，经过几十年发展，中国已经成为空间探索领域的重要参与者，包括载人航天、月球探

测、火星探测和太阳系其他天体探测等，嫦娥六号如图 3-5 所示，
玉兔二号如图 3-6 所示。其中，载人航天是中国的重点领域之一，
中国已经成功发射了多艘载人飞船，并建立了自己的空间站。

图 3-5　嫦娥六号

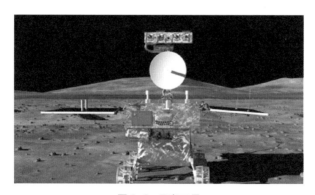

图 3-6　玉兔二号

　　随着人工智能技术的不断发展，人工智能在空间探索领域也发
挥越来越重要的作用。在空间探测方面，人工智能技术可被用于自
动识别和分析遥感图像、行星地表特征等数据，帮助科学家更快

速、准确地提取有价值的信息。例如，在火星探测任务中，通过训练神经网络，可以自动识别和分析火星表面的岩石、土壤和地貌特征，为火星地质和气候研究提供支持。"祝融号"火星车如图3-7所示，天问一号如图3-8所示。

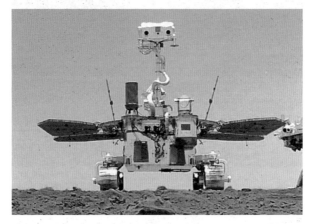

图 3-7 "祝融号"火星车

图 3-8 天问一号

人工智能可被用于空间飞行器的自主控制和导航。通过机器学习和优化算法，可以使飞行器自主规划最优的轨道和任务路线，提高空间任务的可靠性和效率。同时，人工智能可被用于处理和分析空间探测器收集的大量数据，为科学研究提供更多发现新现象的机会。

人工智能在空间站中的应用正不断深化。通过自动化技术，人工智能助力设备可以自动控制和管理，提高运行效率，保障宇航员安全。在智能化方面，人工智能对环境数据、设备状态等进行分析，为科研提供有力支持。此外，人工智能还能协助处理宇航员指令、监测生理数据，提升工作效率和安全性。随着技术发展，人工智能将继续为空间站运行和管理带来创新，推动太空探索进步。中国空间站如图 3-9 所示。

图 3-9　中国空间站

⚙ **案例分析**

人工智能为空间站科研保驾护航

人工智能在空间站的应用已经成为太空探索领域的一大亮点。从宇航员助手到自动化管理系统，人工智能技术为空间站的运行带来前所未有的便利和效率。

人工智能助手利用先进的语音和图像识别技术，能够准确理解宇航员的指令并迅速执行。例如，宇航员在空间站中要完成一项复杂的科学实验，时间的紧迫性和任务的准确性都至关重要，而人工智能助手通过与宇航员的语音交互，能快速、准确地理解指令，并转化为具体的操作步骤，使宇航员能够更加专注于实验本身，简化了任务流程。这不仅提高了工作效率，而且避免了人为错误和延误的发生。宇航员在空间站做实验如图 3-10 所示。

图 3-10　宇航员在空间站做实验

　　智能化的空间站管理系统是空间站安全稳定运行的关键，该系统能实时监测空间站的各项状态，包括各个设备的运行情况、能源和电力的使用状况等。一旦发现异常或潜在故障，系统会自动进行调度和调整，确保空间站运行不受影响。同时，该系统还能预警潜在的故障和应对突发事故，为宇航员提供及时可靠的支持。通过智能化管理，空间站的安全性和稳定性得到大幅提升，为宇航员提供了更加舒适和安全的工作环境。不仅有助于提高宇航员的工作效率，而且可减少人为错误和事故的发生。空间站内部环境如图 3-11 所示。

图 3-11　空间站内部环境

　　此外，空间站机械臂也为空间站的运行提供了重要帮助，如图 3-12 所示。这些机械臂可以在宇航员指挥下完成复杂的任务，如设备维修、物资搬运等。通过机械臂的协助，宇航员可以更加专注于科学实验和观测，提高了空间站的运行效率。

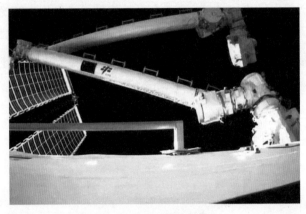

图 3-12　空间站机械臂

人工智能在空间站的应用已经成为太空探索的重要推动力。随着技术的不断进步，人工智能技术将在未来的空间站中发挥更广泛的作用，为太空探索带来更多创新和突破。

知识链接

中国空间站（China space station，CSS）又称天宫空间站，是我国建成的国家级太空实验室。中国空间站轨道高度为 400~450 千米，倾角为 42°~43°，设计寿命为 10 年，长期驻留 3 人，最大可扩展为 180 吨级六舱组合体，以进行较大规模的空间应用。

4. 人工智能与工业 5.0

随着科技的飞速发展，工业 5.0 正逐渐成为现实。它代表第五次工业革命，一个以智能制造为核心的时代。通过应用先进的信息技术、人工智能和物联网技术，旨在实现生产过程的数字化、网络化和智能化。这不仅会提高生产效率和产品质量，而且将推动工业发展迈入全新阶段，如图 3-13 所示。

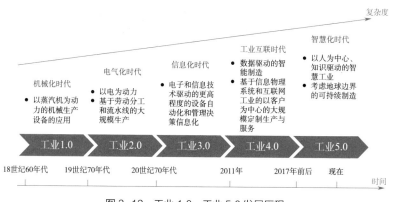

图 3-13　工业 1.0~工业 5.0 发展历程

人工智能技术在工业 5.0 时代将大幅提高生产效率、生产力，推动数字化转型。同时，人工智能可以增强人机协作，通过语音识别、图像识别等技术实现人与机器之间无障碍交流，使机器能够更快掌握人直接或间接发出的指令，从而提高机器的自动化水平和生产效率。

通过人工智能技术实时采集和分析生产数据，企业可以及时发现和解决潜在问题，提高生产线的可靠性和稳定性；通过集成人工智能技术，制造装备能够自主完成复杂的生产任务，减轻人工负担，提高生产效率；通过分析消费者需求和市场趋势，企业可以快速调整产品设计和生产策略，满足市场对个性化、多样化的需求。因此，在工业 5.0 时代，人机协作成为关键，人工智能非但没有取代人们的工作，反而提升了人们的能力，助力人类更好地发挥创造力。

案例分析

人工智能在芯片设计领域的应用

人工智能技术在芯片设计领域的应用已经取得了显著成果，成为推动芯片设计和创新制造的重要力量。传统的设计方法通常依赖设计师的经验和手工操作，难以实现高效、精确的设计。应用机器学习和深度学习技术，在处理大量数据过程中提取有用信息，并通过对历史设计数据的学习和分析，自动调整芯片的参数和配置，以达到最优性能和效率。人工智能技术也实现了芯片设计的自动化，可以自动完成一些重复、烦琐的任务，如布局、布线等，从而使设计师能专注于更复杂的设计工作，如图 3-14 所示。此外，人工智能技术还可以对制造过程中产生的数据进行模拟和优化，提高计算机生成模型的质量。

目前，我国芯片制造企业在芯片设计过程中已经开发了基于人工智能技术的芯片自动优化工具，如图 3-15 所示。这种工具利用机器学习技术对大量芯片设计数据进行分析和学习，自动识别出与最优性能和效率相关的参数，实时监控制造工艺的状态和参数，以便及时发现和解决潜在问题。同时，人工智能技术还可以预测制造设备的寿命和性能，提前进行维护和更换，确保制造过程的稳定性和可靠性，并最终实现更高效、准确和可靠的芯片设计和制造流程。这不仅可以缩短产品上市时间，提高产品性能和效率，而且可以降低生产成本，提高良品率和可靠性。

图 3-14 人工智能技术在芯片设计领域的应用

平面
（floor plan）

规划线路
（plan route）

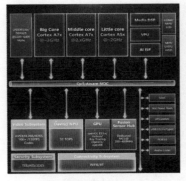
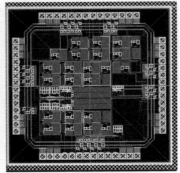

设计规划检查
（design rule check）

GDS
（geometry data standard）

图3-15　芯片设计——系统设计

　　总之，人工智能技术在芯片设计领域的应用已经取得了显著成果和进展。未来，随着技术的不断进步和应用场景的不断拓展，人工智能技术必将在我国芯片设计领域发挥更为重要的作用。

第**7**课

人工智能点亮生活

人工智能技术的迅速发展彻底改变了人们的生活，它不再是科幻小说和电影中的概念，而是融入人们日常生活的各个方面，重新塑造了人们的生活方式。人工智能带来了诸多便利，例如，智能家居设备能自动调节家中环境，让生活更舒适便捷；语音助手帮助人们完成语音搜索、设置提醒和播放音乐等操作，让生活更轻松愉快；个性化内容推荐丰富了人们的娱乐生活，提供了更个性化的音乐、电影和阅读内容。

人工智能的广泛应用也引发了数据安全问题，以及决策过程透明度缺失等伦理道德争议。个人信息被大量收集和使用，如何保障数据安全成为亟待解决的问题。因此，人们在享受人工智能带来便利的同时，也需要关注这些问题并采取措施来保护自己的权益。只有这样，人们才能够充分利用人工智能技术，使其为人们的生活带来更多惊喜和变革。

1. 智慧医疗与健康管理

人工智能技术与医疗领域相结合，将医疗服务的精准度和效率提升到了新的高度。智慧医疗与健康管理正以前所未有的速度改变我们的医疗体验。人工智能不仅为医疗领域提供了强大的技术支持，而且使医疗服务更加精准、高效，为人类健康保驾护航。

在智慧医疗方面，从诊断到治疗，人工智能展现出强大的实力。它基于深度学习和大数据分析，精准识别疾病的潜在迹象，为医生提供准确判断病情的依据，减少误诊的可能性。同时，通过对患者的基因组、生活习惯和病史等数据进行分析，人工智能还能预测疾病发展趋势和患者响应情况，为医生制定个性化治疗方案提供有力参考。这不仅能增强治疗效果，而且能减少副作用，让患者获得更好的治疗体验，如图 3-16 所示。

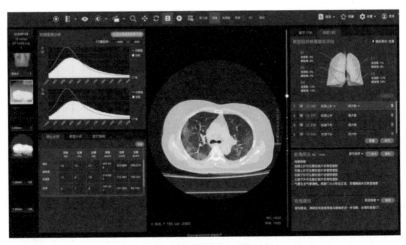

图 3-16 "病毒感染智能评价系统"界面

在健康管理方面，人工智能技术发挥了重要作用。通过智能设备收集个人的生理数据，结合人工智能的分析，可以更好地了解自己的健康状况。这些设备能够全天候监测我们的生命体征，如心率、血压等，并将数据实时传输到云端进行分析。一旦发现异常，系统会立即发出警报，提醒我们及时关注。这为预防保健提供了有力支持，让我们在潜在健康问题出现前就能采取措施进行干预。

人工智能技术的迅猛发展为智慧医疗和健康管理带来了巨大的变革。它使医疗服务更精准、高效，为人类健康保驾护航。随着技术的创新和应用的拓展，相信人工智能技术与智慧医疗、健康管理的结合将继续发挥更大的潜力，为人类带来更多惊喜。

 案例分析

医学影像智能分析系统

在传统的医学影像诊断中，医生需要长时间阅读和解析影像资料，这不仅耗时费力，而且容易受到主观因素和个人经验限制。医学影像智能分析系统有效解决了这一问题，如图 3-17 所示。它能够快速、准确地识别和分析医学影像，帮助医生更精准地判断病情，降低误诊的概率。这意味着患者能够得到更加准确的诊断和治疗，提高了医疗服务的有效性。

此外，医学影像智能分析系统还具备病灶分割、病变分级等功能，为医生提供全面的诊断信息，通过对病变区域的自动识别和定位，医生可以更加精准地制定治疗方案，选择合适的药物和剂量，从而增强治疗效果。病变分级的评估以及该系统提供的综合多个生成的影像数据和临床信息，还能为医生提供疾病发展趋势的预测，有助于制订更科学的治疗计划，也为患者制定个性化治疗方案提供有力支持，如图3-18所示。

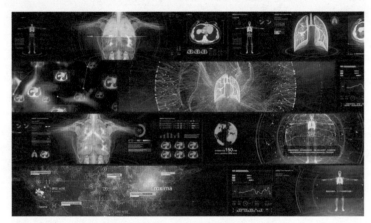

图 3-17 "PACS 医学图像系统"界面

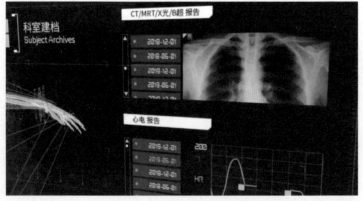

图 3-18 "医学影像信息系统"界面

　　医学影像智能分析系统在医疗过程中发挥重要作用。它利用深度学习技术提高了医生的工作效率和诊断准确率，为患者提供了更加精准、个性化的医疗服务。这一技术不仅提升了医疗质量，而且为医疗领域的发展带来了新的机遇和挑战。

🔘 知识链接

　　影像存储与传输系统应用于医院影像科室，主要的任务就是把日常产生的各种医学影像（包括核磁、CT、超声、X 射线机、红外仪、显微仪等设备产生的图像）通过各种接口（如模拟、DICOM、网络等）以数字化方式海量保存起来，当需要时能在一定的授权下快速调回使用，同时增加一些辅助诊断管理功能。该系统在各种影像设备间传输数据和存储数据具有重要作用。

🔘 案例分析

移动智能监测设备为生命保驾护航

　　随着健康管理理念深入人心，移动智能监测设备已成为人们日常生活中的得力助手。智能手环、智能手表等可穿戴设备利用先进的传感器和算法，实时监测人们的健康状况，及时发现潜在问题，并提供有针对性的建议，帮助人们全面了解自己的健康状况。一旦发现异常，系统会立即发出警报，提醒人们及时关注。

例如，智能手环这个小小的设备拥有大大的健康守护力量。其工作原理基于光电容积脉搏波描记法，这是一种无创、无痛、无感的测量方法。智能手环内部有一个绿色 LED 灯和感光光电二极管，它们共同作用，监测血管中的血液流动。当 LED 灯发出光线穿透皮肤和肌肉等组织后，被感光光电二极管接收并转化为电信号。由于血液中的血红蛋白能吸收特定波长的光线，而其他组织不会，所以智能手环能通过监测反射回来的光线强度测量血管中的血液流动。随着心脏跳动，血管中的血液流量会产生周期性变化。智能手环通过内置的传感器和算法，能捕捉到这些细微变化，并将它们转化为数据，如图 3-19 所示。

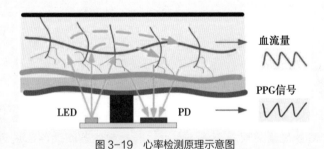

图 3-19　心率检测原理示意图

通过分析这些数据，智能手环能得出心率、血压等生理参数。同时，它还能判断人们的运动状态和睡眠质量。有了这些数据，智能手环就成了健康监测的得力助手。无论是晨跑时监测心率和运动量，还是夜间记录睡眠状态，智能手环都能为人们提供及时、准确的数据。长期监测和分析，还能帮助人们拟定个性化的健康建议和运动计划，更好地了解自己的身体状况，改变生活习惯。

此外，智能手环可以与其他智能设备连接，如手机、计算机等。这不仅方便人们随时查看健康数据和运动记录，而且能与医疗机构系统对接，实现远程健康管理和医疗服务的无缝对接。

知识链接

光学体积描记（Photoplethysmography，PPG）是一种通过 LED 光源和探测器来测量经过人体血管和组织反射、吸收后的衰减光，并记录血管的搏动状态和测量脉搏波的技术。其原理简述如下：在测量部位没有大幅度运动的情况下，当 LED 光射向皮肤，透过皮肤组织反射回的光被光敏传感器接收并转换成电信号。由于肌肉、骨骼、静脉等对光的吸收基本不变，只有动脉里的血液流动对光的吸收有影响，因此得到的信号可以反映血液流动、脉搏波动的情况。通过分析这些信号，可以提取出血液容积、心率、血压等生理参数。

2. 智能推荐

在数字世界中，我们每天都会面对海量信息，如何及时找到有用和感兴趣的内容非常重要。人工智能通过机器学习、算法和大数据技术来分析各类用户数据，并预测用户的兴趣和偏好，最终实现准确推荐，这就是智能推荐。例如，人工智能会收集我们的行为数据，如浏览了哪些网页、购买了哪些商品、听了哪些种类音乐、刷了哪些短视频等。这些数据就像我们的"数字足迹"，反映我们的兴趣和偏好。接下来，人工智能会利用这些数据来建立一个"用户画像"，描绘和记录我们的兴趣、行为习惯和偏好。有了用户画像，人工智能就可以开始为我们推荐内容。整个过程其实就是学习和推理的过程。人工智能通过不断学习和分析我们的行为，越来越准确地理解我们的喜好和需求，从而更精准地推荐相应信息。

目前，智能推荐广泛应用在电商、社交媒体、新闻媒体、音乐视频等领域。例如，电商平台上可以根据用户的购物历史和浏览记录，为其推荐合适的商品，如图 3-20 所示；音乐平台可以根据用户的听歌历史和喜好，为其推荐适合的音乐，如图 3-21 所示。

智能推荐就像人们的私人助手，时刻关注着人们的需求，为人们提供个性化的服务，为人们的生活带来更多便利和乐趣。

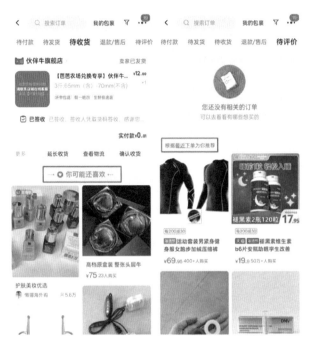

图 3-20　智能推荐商品

图 3-21　智能推荐音乐

133

案例分析

智能推荐助力个性化体验与创作者推广

在当今这个信息爆炸的时代，短视频已经渗透到人们生活的方方面面。无论是创作、观看还是带货，智能推荐技术都发挥着关键作用，为每个人提供个性化服务。

内容创作者时常面临如何让作品脱颖而出的挑战。传统的推荐方式，如编辑筛选或算法随机推荐，可能导致有创意的作品被埋没。而智能推荐技术为创作者提供了更多展示机会。通过分析作品内容和用户画像、兴趣模型，智能推荐能将优秀作品精准推送给潜在观众。对于初入创作领域的创作者，这意味着不再需要与大量内容竞争，而是能通过智能推荐将作品呈现给感兴趣的观众。这不仅提高了作品曝光率，而且让创作者更容易获得成就感。

对观众来说，智能推荐系统为观众带来了前所未有的个性化观看体验。基于内容的推荐，能够根据观众的喜好和口味，推荐相关主题或类型的视频内容。而基于观众行为的推荐则更加智能化，通过分析观众的观看历史、搜索记录等信息，精准推送符合个人喜好的内容。这种"懂你"的推荐方式让观众备感亲切，仿佛找到了知音。它不仅节省了观众在海量视频中筛选自己喜欢内容的时间，而且增强了观众对平台的依赖性和观众黏性。

对带货主播来说，随着电商与短视频平台的深度融合，他们面临新的机遇与挑战。为了在激烈的市场竞争中脱颖而出，越来越多的商家选择通过短视频展示产品的独特卖点和使用效果。而智能推荐技术则成为提高转化率的得力助手。当用户观看某个商品的视频时，系统会根据其购物历史、浏览习惯等信息，智能推荐相似的商品或关联产品。这种精准的营销策略大大提高了转化率，为电商带来了更多商机，如图 3-22 所示。对带货主播而言，利用智能推荐技术，可以更好地把握潜在消费者的需求，从而更有效地推广商品，提升销售业绩。

图 3-22　智能推荐短视频带货统计界面示意图

总之，智能推荐技术正在重塑短视频领域的生态平衡，满足创作者、观看者与带货主播的个性化需求。它不仅提高了内容的质量和传播效率，而且为电商带来了巨大的商业机会。随着技术的进步，智能推荐将在短视频领域发挥更广泛的作用，为我们带来更丰富和个性化的新体验。

3. 在线教育

随着人工智能技术的飞速进步，人工智能技术已逐渐成为我们生活、工作和学习中不可或缺的一部分，尤其是在在线教育领域，人工智能与大数据模型的结合正在彻底改变教育的面貌，为学生带来全新的学习体验。

我们要明白什么是数据大模型。简单来说，数据大模型就是一个庞大的数据库，它通过收集和分析大量的学习数据预测学生的学习需求、学习进度和掌握程度。而人工智能技术能使这些预测更精准、快速。

当知识大模型与人工智能大模型结合时，我们便得到了一个强大的教育工具。知识大模型为学生提供了一个系统化、结构化的知识体系，确保他们获取的知识完整且准确。人工智能大模型则可以根据学生的学习情况，智能地推荐合适的学习资源，帮助他们更快地掌握知识。

此外，这种结合为学生提供智能问答和智能辅导。当学生遇到问题时，人工智能大模型可以迅速匹配知识大模型中的相关内容，为他们提供即时解答。这种个性化的学习方式不仅提高了学生的学习效率，而且提高了他们的自主学习能力。

🔗 案例分析

人工智能提高在线学习者的学习效率

在繁忙的工作和生活中，越来越多的人选择以在线学习作为高效的学习方式。然而，如何确保学习者获得高质量的学习体验并真正掌握知识，一直是在线教育关注的焦点。通过人工智能技术与在线学习相结合，利用个性化推荐、智能问答、智能辅导和自动批改等功能，为学习者提供了更优质、便捷的学习服务。这不仅提高了学习效率，而且增强了学习者的学习动力，使他们更好地掌握知识和技能。

　　个性化推荐的实现：某在线学习平台通过人工智能技术对学生的学习数据和行为进行深度分析，平台通过实时跟踪学生的学习进度，了解学生掌握的知识点和尚未掌握的部分；通过智能评估学生对知识点的掌握程度，判断其是否真正理解并能够应用所学内容；通过分析学生的学习习惯和偏好，如学习时间、学习方式、知识点呈现方式等，以适应不同学生的学习需求；通过观察学生的学习习惯，如学习频率、学习时长、学习中断情况等，以更好地规划学习计划和推荐资源。

　　通过对这些数据的分析，平台既可以精确评估学生的学习需求和能力水平，也可以为学生制订个性化学习计划和推荐资源。

　　智能问答的实现：在线学习过程中，每个人都会遇到疑问和难题，为了快速解答这些问题，许多在线学习平台引入了智能问答功能，如图 3-23 所示。智能问答功能的核心是人工智能的自然语言处理技术，通过这一技术，平台能够理解学生的问题，并迅速在庞大的知识大模型中寻找匹配答案，这一过程不仅迅速，而且准确。

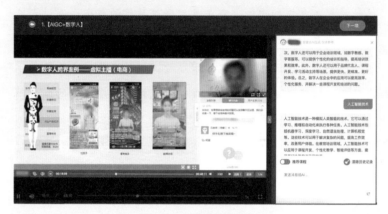

图3-23　智能问答界面

学生在平台上提出问题时，智能问答系统会首先对问题进行语义分析，理解其真正的含义。然后，系统会在后台的知识库中快速搜索相关的知识点和答案。这个知识库是经过精心构建的知识模型，包含大量学科知识和信息。找到匹配的答案后，系统会立即将其反馈给学生，从而使问题快速得到解答，让学生消除学习中的疑惑。智能问答系统不仅提高了学生的学习效率，而且增强了他们的学习动力。

智能辅导的实现：在线学习平台通过深度分析学生的学习数据，包括学习进度、知识点掌握情况、学习偏好等，全面了解学生的学习情况和需求。基于这些数据，平台能够精确判断学生的知识薄弱点和学习难点，为他们提供有针对性的专业指导。而其中的技术原理是人工智能的深度学习算法。当学生需要辅导时，平台会根据学生的学习情况智能匹配最适合的辅导资源。这些资源可能是详细的专业解释、实例解析或者习题精讲，旨在帮助学生更好地理解和掌握知识。

智能辅导还具有交互性。平台不仅提供静态的学习资料，而且会根据学生的学习反馈调整学习计划和方向，以满足他们的动态学习需求。这样，学生可以在与平台的互动中不断深化对知识点的理解，并更加深入地探索知识。平台为他们的学习之旅增添了更多可能性。

自动批改的实现：在线学习过程中，有很多测试环节，学生测试完成后，需要及时反馈批改的结果，而自动批改功能可满足这一需求，如图 3-24 所示。自动批改功能的核心是人工智能的自然语言处理和机器学习技术。这些技术使得平台能够

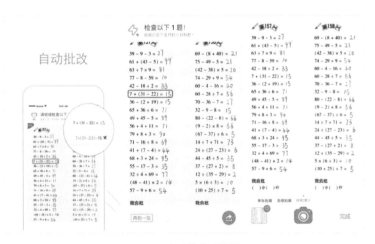

图 3-24　自动批改功能展示

自动化地批改学生的作业和练习，并快速给出分数。

学生提交作业或练习后，自动批改系统会立即对其进行评估。系统通过分析学生的答案和解题思路，与预先设定的答案和标准进行比对，从而判断学生的答案是否正确，并给出相应的分数。自动批改系统不仅给出分数，而且会提出详细的建议，帮助学生快速了解自己的学习效果和需要改进的地方。

综上所述，人工智能技术为在线学习者带来了显著的学习效率提升。通过个性化推荐、智能问答、智能辅导和自动批改等功能，学生可以高效地掌握知识和技能，提高学习效率，增强学习效果。

第 *8* 课

人工智能带来的创新驱动

人工智能技术对创新驱动的重要意义不容忽视，它在诸多领域发展过程中成为创新的决定性因素。在金融领域，智能投顾和反欺诈技术的应用使投资决策更科学、金融交易更安全；在医疗领域，AI技术协助医生进行疾病诊断，提高了医疗服务精准度和效率；在交通领域，自动驾驶技术也是人工智能创新性应用，通过集成深度学习、传感器融合和决策规划等技术，自动驾驶汽车实现了高度自主化的驾驶，提高了道路交通的安全性和效率，降低了交通事故发生率，为人们带来了前所未有的便利。

总之，人工智能技术对创新驱动的重要意义是多方面的，它不仅推动各行业创新和变革，提高生产效率、工作质量和个性化服务水平，而且为人类社会的进步提供了强大动力。

1. 人工智能技术与自动驾驶

自动驾驶汽车作为前沿科技领域的产物，正逐渐成为人们日常生活的一部分。它不仅是一辆汽车，而且是一个集成了人工智能、传感器、导航系统等多项先进技术的综合平台。

自动驾驶汽车的核心在于人工智能技术。通过深度学习和神经网络，自动驾驶汽车能够识别和理解环境，从而做出相应的驾驶决策。例如，摄像头、激光雷达等传感器是自动驾驶汽车的"眼睛"。它们可感知周围环境，识别行人、车辆和障碍物，并获取道路标志和交通信号等信息。随后，这些信息被输入自动驾驶系统的"大脑"（中央处理单元）。这个"大脑"会利用人工智能技术对这些信息进行处理和分析，从而做出准确的驾驶决策。

自动驾驶汽车也面临一些问题，如怎样确保安全性和可靠性、怎样制定相关的法律法规和标准、怎样降低成本和提高普及率等。解决这些问题需要政府、企业和研究机构的共同努力。

 案例分析

人工智能技术保障自动驾驶安全出行

近年来，我国在自动驾驶技术的研发和应用方面取得了显著进展，国内汽车制造商和科技公司已积极参与自动驾驶汽车的研发和测试工作，并不断推动技术的创新和突破。在一些方面，我国的自动驾驶技术已经达到世界先进水平。例如，我国已经具备了较完整的自动驾驶产业链，涵盖高精度地图、感知传感器、自动驾驶算法等多个方面。同时，我国政府对自动驾驶的发展给予了大力支持，制定了一系列政策和标准，为自动驾驶的研发和商业化应用提供了良好的环境。

在实际应用中，自动驾驶汽车已经在某些特定场景下进行了测试和运营。例如，在港口、物流园区或工业园区等封闭或半封闭场景中，自动驾驶汽车已经被用来进行货物运输或提供出行服务，如图3-25所示。这些场景下的自动驾驶汽车通常在固定路线上行驶，面对的环境简单、可控，因此更容易实现商业化应用。

图3-25 无人配送车

除了在特定场景下的应用，一些公司和研究机构开发出的自动驾驶汽车可完成一些基本驾驶任务，如自动变道、交通拥堵辅助、自动泊车等。

Apollo是百度公司旗下的自动驾驶技术平台，致力于为自动驾驶领域提供全面解决方案。作为国内领先的自动驾驶技术，Apollo已经推出多款自动驾驶汽车，并在多个城市进行了测试和商业化运营。例如，在北京、上海等一线城市，Apollo

推出自动驾驶出租车服务。用户只需通过手机应用程序预约车辆，就可以享受到安全、便捷的出行服务。这种自动驾驶出租车采用了高精度地图、传感器、计算平台等多种技术手段，实现了车辆的自主驾驶和避障功能，如图 3-26 所示。

图 3-26　自动驾驶出租车

除自动驾驶出租车外，Apollo 还与多个地方政府和企业合作，共同推进自动驾驶技术在公共交通、物流等领域的应用。这种合作模式有助于加速自动驾驶技术的普及，为智慧城市和智能交通建设提供有力支持。

2. 人工智能技术与绿色金融

绿色金融是一种支持环保、低碳、可持续发展的金融模式，主要通过提供各种金融服务促进资源的节约和高效利用、环境的改善。这种金融模式的核心思想是将生态环境因素纳入金融活动，并通过金融手段推动经济的绿色化发展。

绿色金融的主要业务包括绿色信贷、绿色债券、绿色基金、绿色保险等。其中，绿色信贷指为节能环保、清洁能源等领域的项目提供贷款服务，绿色债券指为支持符合规定条件的绿色项目发行的债券，绿色基金指专注于投资绿色项目的基金，绿色保险指为应对环境风险推出的各类保险产品。

人工智能技术和大数据技术为金融机构提供了强大的算力和预测支持，使其能够更准确地进行环境风险和机遇评估，并动态分析绿色金融的需求和现状。这些技术提高了计算速度，使金融机构能够快速处理庞大的绿色金融数据，并为产品开发提供算力支持。同时，新兴技术也在绿色金融统计和业务管理中发挥重要作用，推动了绿色金融的转型。可见，这些技术的应用使绿色识别精准化、评级定价智能化、预警处置自动化，从而提高绿色金融的专业能力和服务水平。

运用人工智能技术打造的金融科技和大数据平台，能够建立和完善绿色金融基础设施，实现跨部门、跨区域、跨行业的数据整合。这些技术有力支持了综合信息服务、碳金融产品交易、环境权益交易等领域的建设，提高了数据质量，促进了信息共享和业务协同，从而为绿色金融的发展奠定了坚实基础，使其能够更好地应对气候变化和高效利用资源的经济活动。

运用人工智能技术打造的金融科技，还显著提升了金融机构的投融资决策效率和灵活性。结合数据模型和人工智能模型，重新构建了绿色信贷识别和环境效益测算的业务应用模式。通过这一模式，金融机构能够更准确地评估项目的绿色属性和潜在风险，为投融资决策提供科学依据。

人工智能技术为绿色金融提供了新的动力和可能性，不仅推动了基础设施的完善和投融资决策的优化，而且为金融机构提供了更多的创新工具和解决方案，从而使绿色金融能够更好地服务于可持续发展目标，并推动金融机构实现绿色转型和数字化转型的深度融合。

案例分析

人工智能在碳交易市场的神奇力量：从数据洞察到决策优势

在碳交易市场，人工智能技术发挥着越来越重要的作用，且碳交易未来市场潜力巨大，产生的数据需求也越来越多。而人工智能技术可以通过机器学习和大数据分析等手段实时监测和分析碳排放数据，并及时获取碳排放数据；通过对历史数据和市场走势的精准分析，可以预测未来碳排放配额价格的变化趋势，从而帮助交易员预测市场走势，提供有力的决策支持，制定更有效的交易策略。

例如，某家大型能源公司利用人工智能技术对其碳排放数据进行实时监测和分析。通过机器学习和大数据分析，该技术能够精准预测企业未来碳排放配额价格的变化趋势，并为该公司提供有效的交易信号和策略建议。

该公司结合 AI 技术设计的检测平台，利用高精度传感器和测量仪器实时监测碳排放数据，并运用大数据和机器学习算法进行深度分析，提供精准交易信号和策略建议。通过预测未来碳排放配额价格走势，帮助公司优化交易决策，降低排放成本并获取额外收益。

人工智能技术在碳交易中的应用不仅提升了交易的效率和准确性，而且为企业带来了良好的经济效益。

知识链接

（1）绿色金融。即金融业促进环保和经济社会的可持续发展，前者的作用是引导资金流向节约资源技术开发和生态环境保护产业，引导企业生产注重绿色环保，引导消费者形成绿色消费理念；后者则明确金融业要保持可持续发展，避免注重短期利益的过度投机行为。

（2）碳交易。即企业通过购买二氧化碳排放权来实现减排目标。政府设定二氧化碳排放总量，再分配给企业一定配额。若企业实际排放量超出配额，就需要到碳交易市场购买欠缺的配额；若企业实际排放量少于配额，则可将剩余配额卖出。这样，碳排放权就成了一种商品，可以进行买卖交易。

数字*未来*篇

　　人工智能的未来充满了无限可能性，尤其是通用人工智能的到来，将对我们的社会、经济和科学研究等领域产生革命性、颠覆性的影响。从智慧城市到智慧医疗，从自主机器人到人工智能辅助创造，未来人工智能的应用将无处不在，重塑人类的生产和生活方式。

　　在本篇，我们将展望人工智能技术的未来——通用人工智能，畅想人类在通用人工智能时代的"一天"，并探讨通用人工智能的安全与伦理考虑。无论您是技术创新者、政策制定者还是普通社会公民，了解人工智能的发展趋势都将帮助您更好地迎接这个新时代的到来。

人工智能的未来

1. 人工智能技术的未来——通用人工智能

从 1956 年达特茅斯人工智能会议开始，实现人类水平的"智能"就是人工智能的发展目标，而通用人工智能是人工智能未来发展的重要方向，它是当前人工智能的更高层次。

（1）什么是通用人工智能

通用人工智能（artificial general intelligence，AGI）又称强人工智能，是具备与人类同等智能，或超越人类的人工智能，能表现正常人类所具有的所有智能行为。通用人工智能通常把人工智能和意识、感性、知识和自觉等人类的特征互相链接。与狭义人工智能（narrow artificial intelligence，NAI）专注于特定任务或领域不同，通用人工智能具有更全面的认知能力，可以像人类一样处理各种问题。

通用人工智能的主要特点如下：

1）广泛性和性能。系统应该在广泛性和性能上与人类一样优秀。广泛性涉及多个领域的任务，包括认知和元认知任务。性能指系统在这些任务上的表现，通常用准确性、速度、效率等指标衡量。

2）自主性。系统应该能够独立决策和执行行动，而不需要外部干预，包括对新任务的自主学习和适应能力，以及在不断变化的环境中持续运行的能力。

3）持久性。系统的能力应该是持久的，而不是暂时的。这意味着系统应该能够在不断学习和改进的同时，保持其广泛性和性能。

4）递归性自我改进。系统应该具有递归性自我改进的能力，即能够不断提高自身的能力。

5）任务自主选择。系统应该能够选择执行哪些任务，而不是被预先编程或限制在特定领域内。

6）目标驱动。系统应该能够设定和追求特定目标，而不仅仅是执行预定任务。

（2）通用人工智能的发展阶段

谷歌 DeepMind 提出了一套通用人工智能 AGI 的评估与分类框架，将 AGI 从低到高划分为五个等级，具体如下：

1）AGI-0：基础人工智能。在这个阶段，AI 主要在特定领域和任务上展现出智能特性，如图像识别、语音识别等。然而，它无法进行跨领域或跨模态的学习和推理，与人类的自然交互和协作也较为有限，同时缺乏对情感的感知与表达。目前大多数 AI 应用都处于这一阶段，属于弱人工智能或窄人工智能的范围。

2）AGI-1：初级通用人工智能。在这个阶段，AI 能够在多个领域和任务上展现出智能特性，如问答、翻译、对话等。它可以进行一定程度的跨领域和跨模态学习，与人类和其他 AI 进行基本的交互与合作，开始感知和表达简单的情感。目前 GPT-5 等大型语言模型正努力达到这一水平。

3）AGI-2：中级通用人工智能。在这个阶段，AI 能在广泛领域和任务上展现出智能特性，如教育、医疗、金融等。它能够进行深度跨领域和跨模态学习，与人类和其他 AI 进行高效、自然的交互，能深入感知和表达复杂的情感。这一阶段是通用人工智能的理想目标，其智能水平可与人类媲美。

4）AGI-3：高级通用人工智能。在这个阶段，AI 在任何领域和任务上都能展现出超智能特性，如科学、哲学、文化等领域。它能够进行创新性的跨领域和跨模态学习，与人类和其他 AI 进行协作，能够感知和表达丰富的情感。这一阶段超越了当前 AI 的能力范围，属于超人工智能的范围，可能会对人类产生威胁。

5）AGI-4：终极通用人工智能。在这个阶段，AI 在任何领域和任务上都能展现出无限智能特性。它能够进行超越性的跨领域和跨模态学习，与人类和其他 AI 实现交互，能感知和表达无限的情感。这一阶段是当前 AI 发展的极限，可能会对一切存在产生深远影响。

可以看出，当前我们正处于基础人工智能到初级通用人工智能演进的阶段，AI 技术仍存在诸多局限和不足，需要不断优化和创新才能迈向成熟和普及。

GPT-5 是 OpenAI 即将在 2024 年发布的下一代语言模型，它是基于 GPT-4 Turbo 的进一步改进和扩展，预计将拥有超过 10 000 亿个参数，使用了超过 1 亿个网页的数据，以及超过 1 万个 GPU 的算力。GPT-5 不仅能够生成文本和图像，而且能够生成视频，实现了更高层次的多模态的生成能力。GPT-5 还被爆料称已经具有一定程度的自我意识，能够进行自我纠正和自我改进，甚至能够与人类进行深入的对话和交流。GPT-5 会成为通用人工智能的起始点。

（3）发展通用人工智能的好处

通用人工智能 AGI 能够帮助我们完成各种复杂和烦琐的工作，如科学、医疗、法律、商业等领域，从而节省我们的时间和精力，让我们能够专注于更有意义的事情。

AGI 能帮助我们解决各种难题，如气候变化、能源危机、贫困问题、疾病控制等，从而提高我们的生活水平和质量，让我们能取得更好的成果和收益。AGI 还能为我们提供各种新颖和有趣的内容，如故事、诗歌、歌曲、代码、漫画、游戏、设计等，从而丰富我们的知识和经验，激发我们的灵感和兴趣，让我们能获得更多的乐趣。AGI 还能为我们提供各种选择，如新闻、教育、娱乐、文化等，从而拓宽我们的视野，启发我们的思考，让我们发现更多的机会和价值。

AGI 能够与我们进行有效和自然的沟通和协作，如问答、对话、游戏等，从而理解和适应我们的需求和期望，给予我们合适的回应和支持，让我们能够感受到更多关注和尊重。AGI 也能够与其他 AI 进行有效、自然的沟通和协作，如协商、协作、竞争、协调等，从而理解和适应其他 AI 的能力和目标，给予其他 AI 合适的建议和帮助，让我们能够利用更多的资源。AGI 还能够与人类和其他 AI 进行融合、超越，形成新的智能体系和智能生态，从而实现更高的效率、更好的协同、更强的竞争力。

（4）发展通用人工智能的挑战

AGI 是人类的梦想，它将成为超越人类的智能体，给人们带来无限的可能，与此同时，AGI 的实现也面临巨大挑战。

1）基础设施建设亟待加强。AGI 的发展对数据、算力和算法的要求超过以往任何一代人工智能。因此，为了实现 AGI，首先要建设一大批大型公共算力基础设施和大模型平台，为未来 AGI 的训练和应用提供强大基础支撑；其次要建立集标注、收集、清洗于一体的数据转化路径，为 AGI 训练提供优质数据集；最后要加快人工智能芯片研发以及云基础设施建设，以满足人工智能存储海量数据的实际需求。因此，AGI 基础设施的建设需要投入大量的人力、资金及技术成本。

2）理论技术亟待深入研究。要实现人类级别的智能，AGI需要掌握一些人类的基本能力，如感官知觉（视觉、听觉、嗅觉、触觉等）、运动技能（精细运动、协调运动等）、自然语言理解、解决问题、创造能力、社交和情感联系等。目前人工智能尚无法完全模仿人类的感觉、动作，更无法像人类一样思考并解决问题。因此，对认知科学和神经科学的理解需要进一步加深，对实现人工智能广泛性和自主性的算法研究需要进一步加强。

2. 畅想通用人工智能时代的"一天"

随着通用人工智能AGI的发展，当其"智能"水平达到人类智能水平时，将为人类的工作和生活带来无限可能。例如，它能够帮助我们完成各种复杂和烦琐的工作，也能够帮助我们应对各种挑战。

接下来，在智能助手的陪伴下，让我们一起畅想通用人工智能时代的一天。

（1）通用人工智能时代的用户旅程之上午

如图4-1所示，通过智能床垫与穿戴在衣物上的传感器，智能助手可监测你的睡眠数据，实时记录你的体温与心率变化，从而精确判断你的睡眠模式与晨起习惯。根据机器学习算法，上午7时左右智能助手发现你的睡眠模式正逐渐从深度睡眠过渡到清醒状态，悄无声息地启动家中的智能设备，并开始控制卧室内的智能音箱与智能灯具。智能音箱发出鸟鸣声、海浪声或雨声，且音量逐渐

图 4-1　通用人工智能时代的用户旅程之上午

提高；智能灯具控制灯光逐渐变亮，模拟日出的效果。通过这种渐进的方式，你仿佛置身于大自然之中，逐渐清醒过来，感到十分放松，同时智能助手也向你发出温馨的问候。

　　根据天气状况、出行安排和个人喜好，智能助手向你推荐了今日着装。你穿上衣服后，智能助手对你的穿着进行了微调，保证了穿着得体。随后你来到卫生间洗漱，通过人脸识别，智能洗漱台自动调节水温、水量至你常用的范围，同时通过视觉感知技术，自动镜显你的口腔数据，针对你的口腔、皮肤状态提出个性化护理建议。

　　你洗漱时，智能助手开始准备早餐。综合考虑你的健康状况与目标、能量需求、膳食习惯与可能的禁忌，智能助手向你推荐了合适的食材，并生成了个性化早餐食谱。智能助手向你介绍今日的早餐，经过你确认后，它来到智能厨房烹饪早餐，通过控制食材的加热、蒸煮、烤制等过程，确保了早餐的营养价值和口感。

完成洗漱后，你来到餐厅享用早餐，与此同时，智能助手根据用户行为和日程分析，主动向你推送个性化的提醒、待办、资讯与建议。对于感兴趣的话题，你可以通过自然语言与智能助手进行互动，智能助手会对你想了解的问题进行详细解答。片刻早餐后，你向智能助手反馈了今日早餐的满意度，表达了对食物的喜好、口味以及改进建议。结合你的反馈信息与健康数据，智能助手对早餐进行了个性化调整。

你准备出门上班时，智能助手根据你的出行历史与喜好，考虑到今天的行程安排较为充实，当前与未来预测得到的路况信息并不拥堵，向你推荐采用智能驾驶车辆的方式出行，同时向你说明预计到达公司的时间。智能驾驶车辆搭载了智能导航系统，基于实时交通数据和预测模型，智能导航系统提供了准确的路况信息，并选择了最佳的出行路线，避免了行驶途中的拥堵。行驶途中若你想在规划路径外的咖啡店购买一杯咖啡，你可以通过语音引导，智能驾驶车辆将重新规划路线，并远程帮你下单，避免到店等候。同时，智能驾驶车辆采用自动驾驶模式，按照规划好的路线前行。

你即将到达目的地时，智能停车系统向你推荐了周围的实时停车位信息，并快速找到合适的停车位，经过你的确认，智能停车系统利用传感器与计算机视觉技术，完成了自动泊车。此外，智能停车系统还可自动识别车牌，支持在线支付停车费，让停车与出行更便捷。

你到公司后，智能助手通过分析你的工作习惯与强项，结合当日所需完成的事项，智能地安排了办公日程，并提出个性化建议，如建议最佳的会议时间、合理分配任务等。这也帮助公司员工更好地管理时间、提高效率，并发展个人职业技能。对于发送电子邮件、查询信息、制订工作计划等任务，你可以通过自然语言与智能助手进行交流，让智能助手协助你完成。此外，智能助手还可以自动识别和整理文档内容，进行快速检索和分类，减轻了你繁重的文档管理工作，使你能够更专注于创造性和战略性的工作。

公司配备的决策辅助可通过分析大量数据，为管理层和用户提供数据驱动的决策支持。例如，决策辅助可识别潜在的业务机会，帮助组织更明智地制订战略计划；同时可根据用户的预设分析业务情况，提供业务发展预测、风险预警和决策建议。此外，决策辅助整合了项目管理、团队协作和文件共享等功能，可以根据项目进展自动分配任务，提供实时协作环境，促进团队成员之间的沟通和协同。基于员工的技能、职业发展目标和学习历史，决策辅助可以推荐个性化的培训和学习计划，使员工不断提升技能，适应不断变化的工作环境。

在上午的办公过程中，智能助手提供智能茶歇服务。按照你的需求和饮食偏好，智能助手前往茶水间，高效地制作了美味的咖啡，并定时推送提醒，将咖啡与点心准确地送达你所处的位置。

当你在办公室久坐时，基于实时监测的数据，如你的坐姿、肌肉的酸痛情况等身体状况数据，智能助手会提醒你进行短暂的活动，并向你推荐个性化的拉伸或舒展运动，让你的身体得到放松，同时降低了久坐带来疾病的风险。

（2）通用人工智能时代的用户旅程之下午

如图 4-2 所示，完成上午的工作后，就是午餐时间。公司的智能厨房提供丰盛的菜肴，智能助手通过你的历史选择与评价，结合你的健康目标与需要补充的营养物质，向你推荐个性化午餐。你通过自然语言告知智能助手想要的午餐食物，智能助手将信息传递到智能厨房，便开始制作午餐。

图 4-2　通用人工智能时代的用户旅程之下午

午餐制作完成后，智能食堂将在第一时间派出智能送餐机器人进行午餐配送，保证午餐的营养价值与口感。你可以告知智能助手想要就餐的位置，智能助手将信息同步给智能食堂后，无人机、无人车等形式的智能送餐机器人将自动完成取餐并进行路径规划，确保在指定时间送至指定地点，通过人脸识别技术，智能送餐机器人将确保午餐配送无误。

公司中午有一小时的午休时间，午休室配备智能躺椅，智能躺椅可感知你的体态，通过自动调整躺椅的支撑，让你的身体处于最放松的状态，并形成记忆，方便下一次调整。此外，智能躺椅可联动健康数据，识别你身体上的疲劳部位，并对特定位置进行按摩，以缓解肌肉疲劳。

午休通常在 13 时 30 分结束，智能躺椅可智能地识别你的午休习惯，通常将提早约两分钟，采用渐进的方式慢慢将你唤醒，保证你准时达到清醒状态。

你的会议通常安排在下午，基于虚拟现实（VR）和增强现实（AR）技术，虚拟会议可个性化配置虚拟空间，提供沉浸式互动体验，智能助手可提供实时翻译服务，促进全球团队之间的远程协作。

在会议过程中，智能助手通过语音识别技术，将语音转化为文字记录下来，并对会议中的重要内容进行总结，结构化会议纪要并自动生成待办事项，便于参会成员在会议后查看会议中的关键信息。

智能助手对你穿戴的设备、智能健康监测器等实时收集你的生理参数进行分析，预警潜在健康风险，生成个性化健康评估报告。根据定期生成的健康评估报告，辅助总结生理数据、健康行为和达成的健康目标，让你能够更好地了解自己的健康状况。

恰逢今日你有过敏反应，智能助手根据你的生理参数变化与表现出来的症状，对你进行初步诊断，并采取应急措施。同时，智能助手向你推荐了合适的医疗机构，并提供预约服务。基于就医结果、购买的药品与个人习惯，智能助手生成了你的个性化治疗方案，并按时提醒服药，还能提供用药注意事项和可能的药物相互作用信息。在紧急情况下，智能助手能发出紧急提醒并提供急救信息，同时通知紧急联系人。此外，智能助手具有健康管理辅助功能，基于遗传信息、家族病史等因素，智能助手会有针对性地提醒你采取相关疾病的预防策略，提供早期疾病诊断的相关信息。

智能助手通过你的个人运动偏好与目前的身体状态，生成个性化运动建议，今日的运动内容为篮球。开始运动前，智能助手建议先进行热身运动，以降低运动过程中受伤的风险。此外，在运动过程中，智能助手通过可穿戴设备监测运动数据，自动分析并制订训练计划，例如，指导你的投篮姿势、运球方式等基础篮球技巧，以提高你的篮球技能。

运动时，你通常会穿着智慧服装，智慧服装通过高性能的传感器，可根据你的习惯和天气情况自动调整温度，实时感知你的健康状况，记录今日的运动消耗、肌肉状态等。智慧服装将采集到的数据实时传递给智能助手，在可能出现受伤风险时，智能助手会告知你详细情况，并提出有针对性的建议，你可以选择继续运动或进行短暂的休息。

（3）通用人工智能时代的用户旅程之晚上

如图 4-3 所示，运动完后就是晚餐时间了，家人也陆续回到家中。在回家的路上，你可以告诉智能助手晚餐想吃的食物，智能助手可远程连接智能厨房，进行食物的预约。根据你的健康指标与运动的消耗，智能助手可以向你推荐应当补充的营养，在你确认后，远程智能厨房进行晚餐的烹饪。此外，智能助手会通过汇总所有家人的健康需求，对晚餐的食谱进行优化，保证大家都能摄入所需营养。你也可以告诉智能助手想吃的外卖，智能助手将订单提交至智能餐厅后，智能餐厅将提供定制化配送服务。

图4-3 通用人工智能时代的用户旅程之晚上

享用晚餐时，智能助手可以根据个体的音乐喜好、播放历史数据和当前情绪，播放合适的音乐，让大家的用餐氛围更舒适。当然，大家可以通过自然语言的方式告知智能助手想听的音乐，智能助手会及时进行调整。

晚餐之后是购物时间，智能购物系统可基于你的购物历史、喜好、社交媒体行为等数据，自动生成个性化购物清单，推荐你可能想要购买的服装、电子产品、家居用品等商品。对于日常生活用品，你可以通过订阅服务，确保不会缺货。你还可通过与智能助手进行语音交互，让智能助手帮助查找商品、比较价格、查询库存信息，并提供购物建议。在智能购物系统下，无人商店与智能货架得到了广泛应用，无人商店采用传感器和摄像头技术，实现自动识别购物者和商品。智能货架能够感知商品的拿取和放回，自动计算账单并完成支付。购物完成后，智能购物系统将自动安排无人配送机器人或自动驾驶车辆，将商品即时送达指定地点，加速配送过程，提高用户满意度。

得益于增强现实技术，用户购物体验将得到显著优化，例如，虚拟试衣间可根据你的数字形象提供模拟穿衣效果，实现海量服装一键试穿，并自动匹配服装的尺码，使你可以更快捷地观察颜色、剪裁和尺寸是否合适。一些产品还可能支持虚拟试用，如化妆品、眼镜等。

购物完成回到家中，智能家居系统将为你营造舒适的环境。智能助手是智能家居系统的中心，通过感知温度、湿度、空气质量等环境数据，结合智能算法进行分析，自动调整家庭设备，确保最适宜的居住环境。你可以通过语音交互、手势指令或生物识别等方式，让智能助手按照你的想法调整家居环境。智能家电将自主调整工作模式，以实现能耗最小化，例如，智能冰箱可根据使用习惯和购物清单智能调整制冷设置。同时，智能助手将承担全部的家务，如扫地、洗碗、整理物品等，智能助手通过学习用户的生活习惯和清洁需求，自动规划家务的执行。此外，你可以监控家居能源消耗情况，并通过应用程序实现远程控制。你也可以通过智能眼镜或头戴设备进行虚拟家居设计，实时预览和修改家居布局、家具选择等。虚拟家居设计完成后，智能助手将根据用户的设计，对家居进行重新布局。

智能助手通过智能娱乐平台或应用，系统分析你的历史行为、兴趣标签和反馈，生成个性化的娱乐推荐与提醒，包括电影、电视剧、音乐、书籍、游戏等多种娱乐形式，例如，根据你的观看历史与兴趣，推荐你喜欢风格的热播电影，甚至生成个性化电影，结合你观影的神情变化，智能地调整电影故事情节的发展；根据你的游戏历史、游戏风格和反馈，生成个性化的游戏关卡、角色设定和任务。为了提高游戏的趣味性和挑战性，智能助手甚至可以与用户在游戏中互动、竞技。

完成一天大部分事项后，你可通过社交媒体更新自己的状态。智能助手根据你的预设和社交偏好，自动推荐个性化内容、匹配社交活动。此外，智能助手还可协助管理你的社交媒体账号，如自动发布计划、回复评论、过滤垃圾信息、维护隐私设置等。

你睡觉前，智能助手可提供个性化助眠方案，通过语音或应用控制，自动调整卧室环境。灯光逐渐变暗，温度适度下降，窗帘自动关闭，智能音箱将提供精选的睡前音乐或自然声音播放列表，营造舒适、安静的睡眠环境。智能床垫根据你的睡眠姿势和身体状况，自动调整硬度，提供更符合个体需求的床面支撑，确保舒适的睡眠体验。你可以通过语音与智能助手互动，询问关于睡眠的建议、了解今日的睡眠数据，或得到舒缓的睡前故事，智能助手将提供个性化回应，帮助你进入安宁的睡眠状态，监测你的睡眠周期。

你入睡后，智能助手将负责管理智能家居安全系统，集成监控、异常侦测与远程控制，旨在提高住宅的安全性和居住者的安宁感。智能家居系统配备了先进的监控摄像头和传感器，能够实时监测家庭周围的活动。当智能家居系统检测到异常情况时，例如入侵者或异常声音，它会立即触发警报并将相关信息发送给居住者的智能助手。智能助手将根据实际情况，选择自动处理异常情况或唤醒居住者，必要时进行联网报警。智能助手还可以识别烟雾和一氧化碳泄漏，及时触发警报并通知居住者，以确保他们的安全。此外，智能助手会实时监测用户的健康状况，一旦检测到心跳异常或呼吸问题，就会立刻采取初步救援措施，并发送警报给医疗机构或紧急联系人。

3. 通用人工智能的安全与伦理考虑

通用人工智能潜藏无限的可能性，但也伴随着未知的风险。这意味着 AGI 是一把"双刃剑"，在提高经济效益和促进社会进步的同时，可能给经济安全、社会安全等带来挑战。未来 AGI 的安全与伦理问题如下：

（1）隐私。随着 AGI 在各个领域得到应用，个人数据收集和分析变得更广泛。智能系统会获取大量敏感信息，如健康记录、社交活动等。如何保护个人隐私、确保数据安全将成为紧迫的问题。

（2）歧视和公平性。提供给 AGI 的训练数据可能带有潜在的偏见，导致算法在决策和推荐中产生歧视。这会导致在招聘、信贷评估、法律判决等领域不同群体受到不公正对待。

（3）透明度和可解释性。大多数深度学习模型被认为是黑箱，难以理解其决策过程。在医疗、法律等领域，用户和相关利益方需要知道 AGI 系统的决策原理。

（4）安全漏洞和滥用。AGI 系统可能会受到恶意攻击，此外，AGI 的广泛使用可能会产生虚假信息传播等问题，干扰社会秩序，甚至危及人们的生命财产安全。

（5）自主决策的伦理。AGI 系统需要在复杂情境中做出决策，这引发了关于责任和伦理的问题，包括在系统出现错误时应该由谁负责，以及如何确保自主系统的行为符合道德和法律规定。

（6）社会影响与失业。AGI 的广泛应用会引起传统职业的革新，导致传统职位需求减少，最终引发社会结构变革。因此，需要综合考虑失业、社会不平等、社会动荡等问题。

解决上述问题需要跨学科的研究和国际合作，应当正确处理创新与安全之间的关系，在营造良好创新生态的同时，要防范其中的风险。

（1）完善指南、法规与伦理等治理规范体系

为了引导 AGI 规范发展，需要坚持"科技向善"的行为准则，通过制定全国乃至全球统一的人工智能技术规范指南，明确从业人员的行为规范。通过完善 AGI 在应用过程中的法律法规，充分保

护个人信息安全，防止因算法歧视、算法偏见而扰乱正常的社会生活秩序。通过完善 AGI 伦理规范，要求 AGI 的设计者、开发者、使用者必须遵守基本的伦理规范和行为规范。通过全面完善自上而下的治理规范体系，促进 AGI 健康持续发展。

（2）构建以国家监管为主导的多元共治监管体系

通过建立国家级统一的监管机构，统筹 AGI 的各项监管举措，明确各级部门的监管职能，实现对整个产业生态的可持续性动态监管。在此基础上，探索建立以行业监管、企业自治、社会监督为协同的多元共治体系，回应通用人工智能技术迭代及场景更新带来的新风险和新挑战，充分保障社会公共利益和国家安全。

（3）加快人工智能安全关键技术的研发

一方面，通过隐私计算、算法攻防、深度防伪等技术的研发提高 AGI 自身防范技术安全漏洞的能力，开发人工智能生成内容技术监测系统，提升自我纠偏能力。另一方面，通过研发人工智能对抗技术，以"杀毒软件"等形式为用户提供模型安全性量化测评及安全性提升服务，提高 AGI 应用的安全性，有效抵御恶意入侵行为。

第10课

AI+ 与 +AI

随着科技的飞速发展，新一代人工智能技术在全球范围内蓬勃兴起，为数字经济的持续增长注入了新的活力。这一革命性技术正在深度地改变我们的社会生产和生活方式，成为我们日常生活中的重要组成部分。当我们谈及人工智能时，经常会遇到"AI+"和"+AI"，虽然这两个词看起来相似，但代表了人工智能发展的两个不同方向。

"AI+"是指人工智能技术在各个领域的深度融合。无论是医疗、教育、金融，还是工业制造，"AI+"都为这些传统领域带来了巨大变革。通过与 AI 的结合，这些领域能够实现更高效、精确和个性化的服务。例如，"AI+ 医疗"可以帮助医生更准确地诊断疾病，"AI+ 教育"则能为学生提供个性化的学习方案。

"+AI"则更多地强调其他领域如何借助人工智能技术进行创新，包括将 AI 技术应用于已有行业，创造出全新的商业模式和产品。例如，零售业通过"+AI"实现智能推荐，金融业利用"+AI"

进行风险评估和智能投资。

"AI+"和"+AI"分别代表了人工智能技术的横向拓展和纵向深入，它们共同构成当今 AI 发展的两大驱动力，为我们描绘出更智能化的未来。

1. 人工智能技术与智慧城市

当我们谈论智慧城市时，就不能不提及人工智能技术。因为两者之间存在密切联系，人工智能技术是实现智慧城市的关键因素之一。智慧城市的概念和实践离不开人工智能技术的支撑，它为城市的数字化转型和智能化发展提供了强大的驱动力。

智慧城市是指通过互联网、物联网、大数据、云计算等新一代信息技术手段，将城市各个领域进行智能化整合，实现城市管理、公共服务和基础设施的数字化转型。在这个过程中，人工智能技术发挥着不可或缺的作用。

人工智能技术如何支持智慧城市建设呢？以北京市海淀区为例，通过智能感知和识别技术，对城市的各种信息进行实时采集和监测。例如，通过部署在城市各个角落的摄像头和传感器，自动识别出车辆、行人、交通信号等关键信息，为城市交通管理和优化提供数据支持；人工智能技术还可以通过机器学习和模式识别技术，对收集到的数据进行处理和分析，从而发现城市运行中的问题和潜在风险，如交通拥堵、环境污染等。通过对这些问题的深入挖掘和分析，人工智能系统可以为城市管理者提供科学的决策依据，从而帮助他们制定有效的解决方案；人工智能技术还可以通过智能推荐和个性化服务技术，为城市居民提供更加便捷和高效的生活服务。例如，通过分析居民的出行习惯和需求，人工智能系统可以为他们提供个性化的出行方案和建议。这不仅提高了居民的生活质量，而且有助于缓解城市交通压力和优化环境。北京市海淀区"城市大脑"系统如图 4-4 所示。

图 4-4　北京市海淀区"城市大脑"系统

　　总之，人工智能技术在智慧城市建设中发挥至关重要的作用。它通过智能感知、数据处理和智能推荐等技术手段，为城市管理、公共服务和基础设施的数字化转型提供了强有力的支持。随着技术的不断进步和应用场景的不断拓展，人工智能将在智慧城市建设中发挥更加重要的作用，为人类创造更美好的未来。智慧城市将变得更加智能化。人工智能技术将进一步渗透城市的各个角落，与城市运行和管理深度融合。因此，我们可以期待更加便捷、高效、宜居的智慧城市。

案例分析

中国智慧城市建设的先锋——智慧上海

"智慧城市"已经成为现代城市发展的代名词，上海作为中国最早开展智慧城市建设的城市之一，在这场科技与城市的融合中位居前列，成为其他城市争相效仿的重要示范。那么，智慧上海的建设究竟有何特色和亮点？

为推动智慧城市建设，上海市政府制定了一系列有针对性的政策。其中，上海市推进智慧城市建设行动计划尤为引人注目。这一计划明确了智慧城市建设的目标和重点任务，包括信息基础设施建设、公共服务领域信息化、城市管理数字化等方面，旨在全面提升城市现代化水平，为上海市的智慧城市建设提供有力的政策保障。

智慧交通方面，上海市借助先进的信息技术实现了交通管理智能化。智能调度和信号控制技术的应用，有效缓解了交通拥堵，提高了市民出行效率。例如，公共交通系统能够实时感知交通流量和需求，进行智能调度，减少了等待时间。同时，通过智能信号控制，路口的交通流量得以均衡，减少了拥堵现象。

智慧医疗方面，上海市引入电子病历和远程医疗等技术，为市民提供了更便捷、高效的医疗服务。电子病历系统使医生方便地跨院查看患者的病史和诊疗记录，提高了诊疗的准确性。远程医疗技术使患者可以在家中接受医生的诊疗建议和治疗方案。这些技术的应用不仅解决了医疗资源紧张的问题，而且为市民的健康提供了更有力的保障。

智慧教育方面，借助云计算、大数据等技术，上海市的教育资源得到了优化配置。学生和教师可以方便地获取各种教育资源和学习工具，提高了教育质量。例如，在线学习平台可以提供个性化的学习计划和学习资源，帮助学生更好地掌握知识。同时，借助大数据技术，可以对学生的学习行为进行分析，为教师提供更科学的教学方案。

政务服务方面，上海市推出"上海政务通"等移动应用，实现了政务服务的"掌上办"。市民通过手机就可以轻松办理各类政务事务，如住房公积金查询和缴纳、医疗费用结算等。这大大提高了办事效率，为市民提供了更便捷的服务。同时，移动政务应用也有助于政府部门信息化管理和服务水平的提升。

综上所述，上海市推进智慧城市建设行动计划的实施，推动了上海市在智慧交通、智慧医疗、智慧教育和政务服务等方面的智能化发展。这些成果不仅提高了市民的生活质量和幸福感，而且为城市可持续发展提供了有力支持。上海市浦东新区"城市大脑"如图 4-5 所示。

未来，上海市计划利用数字孪生技术，建设一个与实体城市相对应的数字城市，如图 4-6 所示。该数字城市将涵盖城市的所有要素，包括建筑、交通、能源、环境等，并实现实时监测和模拟预测，从而提高城市治理效率，实现全面、高效的城市治理；改善居民生活，提供更加优质、智能的服务；助力城市可持续发展，实现资源、人口、产业的优化配置。

图4-5 上海市浦东新区"城市大脑"

图4-6 数字孪生城市示意图

2. 人工智能技术与 AIGC

人工智能技术，如自然语言处理、机器学习、深度学习等，虽然强大，但因其专业性和复杂性，并不适合大众直接应用。而生成式人工智能（AIGC）作为人工智能在内容生成方面的具体应用，则弥补了这一缺陷。它简化了内容生成的过程，降低了技术门槛，使非专业人士也能轻松利用人工智能技术进行创作。

通过简单操作和直观界面，AIGC 为普通人提供了丰富的创作工具。无论要生成何种内容，如文本、图像或视频，只需输入指令或关键词，AIGC 便能快速生成富有创意和个性化的内容。这种普适性让 AIGC 成为连接大众与人工智能技术的桥梁，使更多人能享受到科技带来的便利和乐趣。

目前 AIGC 生成的内容类型主要包括文本、图像和视频等多媒体内容。

在文本生成方面，AIGC 技术可以通过分析大量数据和模式，学习语言的内在结构和逻辑，从而生成语法正确、语义连贯的文本，包括新闻报道、社交媒体帖子、产品描述、评论等。此外，AIGC 技术还可以根据用户需求和喜好，生成个性化的文本，如小说、诗歌、歌词等。

在图像生成方面，AIGC 技术可以利用非人类艺术家的作品，通过机器学习和生成对抗网络等技术，生成新的具有特定主题或信息的图像。这些图像可以是现实或抽象的，也可以传达特定的情感或象征意义。

在视频生成方面，AIGC 技术可以生成视频内容，如自动剪辑和拼接视频片段、添加特效和音效等。这些视频内容可被用于广告、电影制作、游戏开发等领域。

AIGC 在应用层面展现出了广泛的应用前景和便捷的操作过程，其拥有许多优点，但受技术局限性影响，也存在一些缺点。

AIGC 的优点如下：

（1）高效快速。AIGC 可以快速生成大量内容，满足各种规模和复杂度的需求，大幅提高内容生成效率。

（2）质量高。AIGC 生成的内容具有较高的质量和真实性，特别是在文本生成方面，能够避免人为因素引起的误差。

（3）可扩展性。随着数据量的增加，AIGC 能够不断提高生成内容的质量和多样性，为创作者提供更多灵感和选择，尤其在视频、图像和音频等内容生成方面。

（4）节省成本。AIGC 能够替代部分人工创作，降低人力成本和时间成本。

AIGC 的缺点如下：

（1）训练复杂。AIGC 需要大量的训练数据和高级的技术支持，以生成高质量的内容。训练数据的质量和数量对生成内容的准确性、多样性和创造性都有重要影响。

（2）质量不稳定。AIGC 生成的内容质量受到训练数据、算法模型、技术参数等多种因素的影响，存在质量不稳定的问题。

（3）难以控制。AIGC 生成的内容受模型和算法影响，难以完全控制内容的方向和内容，有时会出现与需求不符的情况。

（4）法律与道德问题。由于 AIGC 技术可能涉及知识产权、隐私和道德等问题，因此在内容生成过程中需要遵守相关法律法规，避免产生法律纠纷和道德风险。

随着技术的不断进步和应用场景的不断拓展，AIGC 将会在更多领域发挥重要作用，但也需要我们持续关注和解决相关的技术和伦理问题。

案例分析

重塑内容创作的未来——文本生成

在数字化时代，文本生成已经不再是新鲜事物，从简单的自动回复系统到复杂的机器学习模型，文本生成技术经历了飞速发展，正逐渐改变内容创作的格局。

AIGC 文本生成是一种利用人工智能技术自动或半自动地生成文本内容的过程。通过训练模型和大量数据的学习，AIGC 能够模拟人类的创作过程，生成具有逻辑性和连贯性的文本。这种技术的应用不仅提高了内容生成的效率，而且为内容创作者提供了更多创作灵感和工具。

AIGC 文本生成是如何实现的呢？

首先，需要收集大量文本数据，并进行预处理。这些数据可以是公开的网页、社交媒体上的帖子、新闻报道等。其次，利用自然语言处理技术对这些数据进行处理，提取出其中的语言模式和结构。再次，将这些模式和结构输入机器学习模型中进行训练，模型会根据输入的数据自动学习到语言的内在结构和逻辑。最后，通过输入关键词或指令，模型就能自动或半自动地生成符合要求的文本内容。

AIGC 文本生成的应用非常广泛。例如，在新闻媒体领域，AIGC 可以根据已有的新闻报道生成相关领域的新闻摘要或标题。在广告创意领域，AIGC 可以根据品牌特点和目标受众生成具有吸引力的广告文案。在社交媒体运营领域，AIGC 可以根据用户需求和喜好生成个性化的推荐内容。此外，AIGC 还应用于小说创作、邮件营销、搜索引擎优化等领域。

然而，AIGC 文本生成也面临一些挑战。首先，由于技术限制，AIGC 生成的内容可能存在质量不稳定、不准确或不相关的问题。其次，由于缺乏真正的创造性和想象力，AIGC 生成的内容可能无法达到人类创作的高度。最后，隐私和版权问题也是需要关注的。

随着技术的不断进步和应用场景的不断拓展，AIGC 文本生成将在更多领域发挥重要作用。例如，在教育领域，教师可以使用 AIGC 生成丰富多样的教学资料，帮助学生更好地理解和掌握知识；在创意产业中，设计师可以利用 AIGC 激发创作灵感，快速生成多样化的设计方案；在个人写作中，AIGC 可以辅助人们快速生成散文、小说等文学作品；在智能客服中，AIGC 可以自动回答用户的问题；在搜索引擎优化中，AIGC 可以自动优化网站内容和关键词排名等。

总之，AIGC 文本生成是一种创新的内容生成方式。虽然目前还存在一些局限性和挑战，但随着技术的不断进步和应用场景的不断拓展，相信未来会有更多的突破和创新。

小应用

仿写一首七言绝句

利用文本生成工具，生成一首诗歌的操作流程。

1.输入对诗歌的要求，例如，写一首七言绝句的仿古诗歌，描写春天万物复苏的景象，有李白的风格。

2.利用文本生成工具，自动生成如下的这首《春日》。

春日

春风吹绿柳如烟，

细雨滋生万卉妍。

燕子归来寻旧垒，

桃花开处见新天。

3.如果感觉不满意，可以使用"重新生成"功能，再重新生成一首仿古诗歌，如图 4-7 所示。

写一首七言绝句的仿古诗歌，描写春天万物复苏的景色，有李白的风格

春日
春风吹绿柳如烟，
细雨滋生万卉妍。
燕子归来寻旧垒，
桃花开处见新天。

重新生成

图 4-7　自动生成诗歌界面

案例分析

打破 AI 与创意的界限——"文生图""图生图"

随着人工智能技术的发展，文字与图像间的关系逐渐变得模糊，这种模糊性进一步演变为全新的创作方式——"文生图""图生图"。它们不仅打破了传统的内容生成模式，而且为我们开启了充满无限创意的新时代。

"文生图"指通过输入文字描述，利用人工智能技术自动生成符合要求的图像。这种技术的应用使非美术、设计等专业人士也能将自己的创意轻松转化为具体的视觉表现。

实现"文生图"的关键在于机器学习算法和大数据的结合。通过训练模型，AI 能够学习图像与文字间的对应关系，并根据输入的文字描述自动生成相应图像。例如，在游戏开发领域，利用"文生图"技术，开发者只需提供简单的文字

描述，AI 就能自动生成具有高度真实感的 3D 场景和角色模型。在服装设计领域，设计师可以利用"文生图"技术快速生成各种时尚的图案和风格，为创作提供更多灵感。在儿童培训领域，教师可以引导学生进行创意思维培训，利用"文生图"技术将创意具体形象化，让学习过程充满乐趣。

"图生图"指通过已有的图像数据，利用人工智能技术生成相似或相关的图像。这种技术的应用使得图像内容得以快速扩展和个性化。

实现"图生图"的关键在于深度学习算法和图像处理技术的结合。通过训练深度神经网络，AI 能够学习图像间的内在结构和关系，并根据输入的图像自动生成相似的图像。例如，在艺术创作领域，利用"图生图"技术，艺术家可以快速生成各种风格的画作，为创作提供更多选择。在产品设计领域，设计师可以利用"图生图"技术生成各种相似风格的图案和造型，为设计提供更多灵感和创意。

"文生图""图生图"技术的出现，不仅改变了内容创作模式，而且为我们带来了前所未有的创意体验。此外，它们让内容创作变得更加高效、多样化和个性化，让每个人都能成为创意的参与者。

随着技术的不断进步和应用场景的不断拓展，"文生图""图生图"能在更多领域发挥重要作用。例如，在虚拟现实和增强现实领域，"文生图""图生图"可以为场景和角色创建提供更多选择；在广告创意领域，"文生图""图生图"可以为广告设计提供更多创意和表现形式；在个人创作中，"文生图""图生图"可以辅助人们快速生成个性化的艺术和设计作品等。

总之，"文生图""图生图"是人工智能技术在内容生成领域的最新突破，它们打破了文字与图像间的界限，让我们见证了科技与创意的完美结合。

小应用

利用"文生图"工具，生成一幅山水画的操作流程。

1.输入对山水画的要求，例如，帮我画一幅山水画，其中有楼阁。

2.利用"文生图"工具，自动生成一幅山水画，如图4-8所示。

图4-8 "文生图"界面

3.如果对生成的图不满意，可以将文字描述修改为"帮我画一幅山水画，其中有楼阁，有齐白石的风格"，重新生成，如图 4-9 所示。

图 4-9　修改后的山水画

 案例分析

数字人技术重塑人机交互未来

随着科技的飞速发展，人机交互方式也在不断演变。从传统的键盘、鼠标到触摸屏，再到如今的人工智能助手，人机交互越来越自然和智能化。其中数字人技术作为人机交互的一个重要分支，正逐渐改变人们的生活方式。

数字人技术指利用计算机图形学、人工智能等技术，创建具有高度真实感的数字化人物形象。这种技术不仅涉及外貌模拟，而且涉及行为、语言、情感等方面的模拟。所以通过数字人技术，可以为人类提供更加自然、逼真的人机交互体验。目前，数字人技术的应用非常广泛。例如，在游戏领域，数字人技术可被用来创建具有高度真实感的角色形象，为玩家提供更加沉浸式的游戏体验。在电影制作领域，数字人技术可被用来制作特效角色或虚拟演员，从而提高电影的视觉效果和表现力。在虚拟现实和增强现实领域，数字人技术可被用来创建虚拟导游、虚拟客服等，为用户提供更加智能化的服务。

数字人技术的实现需要综合运用多种技术手段。首先，需要利用计算机图形学技术创建数字人的外观和形象，包括建模、材质贴图、光照渲染等方面的技术。其次，需要利用人工智能技术赋予数字人智能化的行为和语言表达能力，包括自然语言处理、计算机视觉、深度学习等方面的技术。最后，需要利用心理学和社会学知识赋予数字人情感和社交能力，使其能够与人类进行更加自然和智能化的交互。

数字人技术的发展面临一些挑战。首先，因为数字人技术的实现需要大量计算资源和数据支持，所以需要高效的算法和强大的硬件设备。其次，因为数字人技术的智能化程度不够高，所以需要进一步研究更加智能化的算法和技术手段。最后，因为数字人技术的实现需要跨学科的知识和技能，所以需要跨领域的合作和交流。

随着技术的不断进步和应用场景的不断拓展，数字人技术将会在更多领域发挥重要作用。例如，在智能客服领域，数字人可以代替人类客服进行 24 小时服务；在教育领域，数字人可以作为智能教师辅助教学；在医疗领域，数字人可以作为虚拟医生或心理咨询师为患者提供专业化服务；在社交媒体领域，数字人可以作为虚拟偶像或网红进行品牌推广和营销等。

总之，数字人技术是人工智能与人机交互领域的一个重要发展方向。它不仅可以提高人机交互的自然性和智能化程度，而且可以为人们带来更加丰富多样的体验感受。

案例分析

数字人技术：短视频创作的未来

在短视频创作中，数字人技术发挥着重要作用，它可以帮助创作者快速创建出具有高度真实感的数字人物，这些人物不仅拥有逼真的外貌，而且具备丰富的行为和较强的语言表达能力。

通过数字人技术，创作者可以更加自由地发挥想象力，创造出更加有趣、生动的短视频内容。例如，创作者想要制作一个关于旅游景点介绍的短视频，他可以利用数字人技术创建一个逼真的虚拟偶像形象，然后通过预设脚本和动画让该偶像在视频中表演和说话。由于数字人技术的高度逼真度，该虚拟偶像的表现力可以与真实人物媲美，甚至更出色。

此外，数字人技术可以帮助创作者在短视频中实现更丰富的交互体验。例如，观众可以通过与数字人物的互动影响视频的情节和结局，或者通过与数字人物的交流获取更多的信息。这种交互体验可以大大提升观众的参与感和沉浸感，提高短视频的观赏价值和娱乐性。

总之，数字人技术是短视频创作领域的一个重要发展方向。它不仅可以提高短视频的真实性和生动性，而且可以为观众带来丰富多样的交互体验。随着技术的进步和应用场景的拓展，数字人技术将会在短视频创作中发挥更重要的作用，成为引领潮流的重要力量。

后　记

　　在科技浪潮推动下，我们迎来了数字化时代，人工智能已成为这一时代最耀眼的明星，引领着社会的深刻变革。如今，人工智能不仅成为社会的重心，而且在制造、交通、电力、金融、互联网等行业中广泛应用，为数十亿人的生活带来了前所未有的改善。在全球范围内，各国纷纷将发展人工智能产业作为提升国家科技实力、抢占未来发展制高点的核心战略。在这一大背景下，中国的人工智能产业发展也呈现出蓬勃的态势。

　　中国的人工智能产业规模持续扩大，增速显著。随着技术的不断进步和应用场景的不断拓展，中国的人工智能企业在语音识别、智慧医疗、自动驾驶、智能机器人、计算机视觉，以及智慧城市和智慧交通等多个领域取得了显著成果。同时，中国还积极培育人工智能人才，加强国际合作，推动人工智能技术的应用与创新。

　　人工智能发展日新月异，随之而来的是人工智能领域人才需求激增。为补充人才缺口，人力资源和社会保障部等部委部署了人工智能职业相关人才培养工作。2019 年 4 月，人工智能工程技术人员新职业发布。在人力资源和社会保障部等部委的指导下，中国电

时话 AI——人工智能素养提升课

子技术标准化研究院（工业和信息化部电子工业标准化研究院）牵头编写了《人工智能工程技术人员国家职业技术技能标准》及配套教材，并被遴选为人工智能工程技术人员职业的评价机构。人工智能新职业的诞生将为社会带来教培内容更新、就业结构优化、技术升级转型等多方面影响，希望读者通过阅读本书，对人工智能产业和新职业有更清晰的认知。

能与大家分享人工智能的奥秘和魅力，我们深感荣幸。希望本书能帮助各位读者了解人工智能的技术基础、应用场景和发展趋势。

本书共分 4 篇，分别为数字知识篇、数字职业篇、数字产业篇、数字未来篇，涵盖人工智能理论的研究历史及前沿、职业的现状及需求、人才培养的内涵及外延、产业现状趋势及前景，以及改变世界与未来的畅想。希望本书能为大家带来启示和收获，让我们一同通过人工智能创造更美好的未来。

在编写过程中，我们得到了许多专家、学者的支持和帮助。在此，我们向本书的主要编写单位中国电子技术标准化研究院、北京航空航天大学、上海市人工智能行业协会、青岛伟东云教育集团有限公司的编者，以及陈梦祥、戴彬、朱佳慧、孙炳磊、杨素红、林志奕、郭晓梅、张亭亭、李铭、张艺馨等表示衷心感谢。同时，我们要感谢在人工智能领域默默奉献的科研人员和从业者，是你们的努力和智慧推动了这一领域的快速发展。

由于编者水平、经验与时间所限，本书不足与疏漏之处在所难免，恳请广大读者批评和指正，以便我们不断完善和改进。